U0184340

普通高等院校
应用型本科计算机专业系列教材

C++ CHENGXU SHEJI JICHU SHIJIAN JIAOCHENG

C++程序设计基础实践教程

方艳红 / 编　著

重庆大学出版社

―――――――――――――――――――― 内容提要 ――――――――――――――――――――

　　《C++程序设计基础实践教程》是《C++语言程序设计》的配套教材，是为更好地学习"C++语言程序设计"课程而编写的。每章内容分为三部分：第一部分是内容提要，主要为学习者指明学习重点，归纳知识点；第二部分是实验，采用由浅入深、循序渐进、逐步引导的方式让学习者掌握本章程序的编写；第三部分是习题测试，帮助学习者加深对本章知识点的理解。书中附录配有每个实验习题和测试题的参考答案，以适合不同层次学习者的需要。本书可作为高等院校"C++程序设计"课程的教学参考书，也可供工程技术人员自学使用。

图书在版编目（CIP）数据

C++程序设计基础实践教程／方艳红编著. —重庆：
重庆大学出版社,2022.2
普通高等院校应用型本科计算机专业系列教材
ISBN 978-7-5689-3114-4

Ⅰ.①C… Ⅱ.①方… Ⅲ.①C++语言—程序设计—高
等学校—教材 Ⅳ.①TP312.8

中国版本图书馆CIP数据核字（2022）第011355号

普通高等院校应用型本科计算机专业系列教材
C++程序设计基础实践教程
方艳红 编著
责任编辑：陈一柳 版式设计：张 晗
责任校对：谢 芳 责任印制：赵 晟
*
重庆大学出版社出版发行
出版人：饶帮华
社址：重庆市沙坪坝区大学城西路21号
邮编：401331
电话：（023）88617190 88617185（中小学）
传真：（023）88617186 88617166
网址：http://www.cqup.com.cn
邮箱：fxk@cqup.com.cn（营销中心）
全国新华书店经销
重庆升光电力印务有限公司印刷
*
开本：787mm×1092mm 1/16 印张：14.75 字数：351千
2022年2月第1版 2022年2月第1次印刷
ISBN 978-7-5689-3114-4 定价：39.00元

前言

《C++程序设计基础实践教程》是《C++语言程序设计》的配套教材，是为更好地学习"C++语言程序设计"课程而编写的，其章节内容与《C++语言程序设计》相对应。《C++程序设计基础实践教程》针对C++语言的学习过程，采用了由浅入深、由易到难的方式逐渐展开。

本书根据C++程序设计教学的要求与特点，每章先对学习内容的知识点、重点、难点及要求做一概述说明，再将学习内容分为三部分：第一部分是内容提要，主要为学习者指明学习重点，归纳知识点；第二部分是实验，由"实验目的""实验任务""实验步骤""分析与讨论"四部分组成，逐步引导学习者掌握本章程序编写；第三部分是习题测试，帮助学习者加深对本章知识点的理解。

本书实例力求简单易懂，通过简单的编程实现直接反映C++编程语言的应用技巧，把大篇幅的理论介绍融入实践编程，分布在各个实例中，读者可以从中体会到C++编程语言的灵活机制和强大的功能。书中的程序基本全在Microsoft Visal Studio 2019环境下调试通过，并给出运行结果。本书配有每个实验习题和测试题的参考答案，以适合不同层次学习者的需要。

本书精心选编了一些选择题和主观分析题作为习题，对C++编程语言的基本操作语句和基本应用给出了实际应用中常见问题的解决方案和解决模式，也加入了笔者多年在C++编程语言教学方面的经验和技巧总结。其中，部分习题选自牛客网，以便让学习者了解该类基础问题在职场面试与笔试中的应用角度与范围。

本书适用于C++编程语言初学者，为了提高读者的学习效率，增强学习效果，笔者建议学习每章内容时，先预习内容提要，再独立完成实验任务；若实在难以完成实例编写，可参照答案部分源代码思考实例实现的思路及涉及知识，然后再独立编写，这样的学习效果会更好。

　　本书由方艳红编写。在写作过程中，作者参考分析过很多网络代码和面试材料，通过对比分析编写了一些习题，在此对网络上 C++ 工作者的辛勤工作表示感谢。由于作者水平有限，疏漏与不足之处在所难免，恳请各位专家以及广大读者批评指正。

编　者

2021 年 2 月

目 录

1 C++ 程序的运行环境及方法

［知识点］

C++ 编程环境；C++ 程序调试方法。

［重点］

C++ 程序调试方法。

1.1 内容提要

1.1.1 C++ 编程环境

每一种编程语言的学习都需要一款适合自己的开发工具，C++ 程序常用的开发工具有 Microsoft Visual Studio（简称 VS）、Code::Blocks、Dev−C++ 等，它们各有特点且都可以完成 C++ 基本程序编写与调试，但是考虑到后期的 C++ 可视化程序设计与实现，本书选用 VS 作为 C++ 语言的编程环境。

VS 是微软提供的一个工具集，具有支持多种语言的开发、功能全面、编辑界面酷炫等优点，是最流行的 Windows 平台应用程序的集成开发环境，其最新版本为 Visual Studio 2019 版本，基于 .NET Framework 4.8。

本书后续实验分析都将基于 Visual Studio 2019 编程环境。Visual Studio 2019 编程环境的下载与安装过程如下所述。

（1）下载 Visual Studio

用百度搜索"Visual Studio 2019"，进入微软的官网，选择社区版"Community"，如图 1.1 所示。

图 1.1　版本选择界面

（2）安装

下载后，单击"Visual Studio Installer"，选择安装"Visual Studio Community 2019"，安装完成之后进入图 1.2 所示界面。

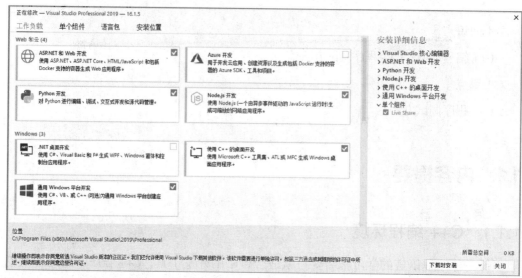

图 1.2　工作负载选择界面

编写 C++ 程序，主要选择"通用 Windows 平台开发""ASP.NET 和 Web 开发""使用 C++ 的桌面开发"3 项，其余为可选项。

安装完成，选择计算机上的"开始"菜单，单击 "Visual studio 2019"进入 Visual Studio 2019 编程环境。

1.1.2　简单 C++ 程序的编写

下面写一个最简单的程序，输出语句"Hello World!"。

①打开"Visual Studio"，选择创建新项目，如图 1.3 所示。

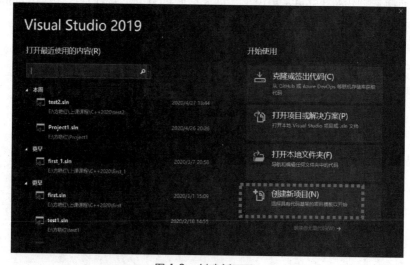

图 1.3　创建新项目

②在"创建新项目"对话框中，语言选择"C++"，项目框架选择"空项目"，如图 1.4 所示。

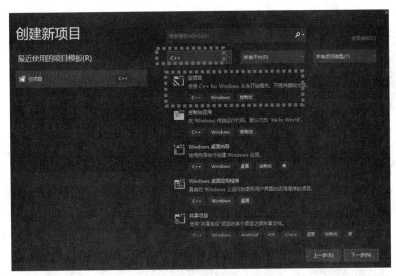

图 1.4　创建新项目 - 空项目

③在如图 1.5 所示的"配置新项目"对话框中，在"项目名称（N）"处填写项目名称，"位置（L）"处选位置，之后单击"创建"按钮即创建成功。

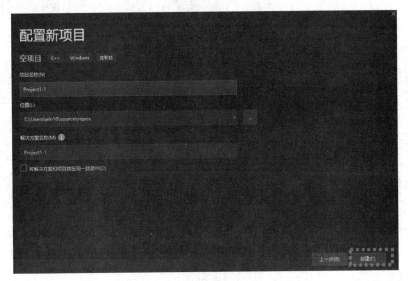

图 1.5　配置新项目

④ VS2019 的 IDE 操作界面。

在 VS2019 的 IDE 操作界面中，解决方案资源管理器下包括了当前项目的所有头文件、源文件等，在所有的文件中有且只能有一个 main 函数；在程序代码编辑区可以书写、修改当前的文件程序。

在当前项目环境建立一个 C++ 源文件，如图 1.6 所示，选中"源文件"后单击鼠标右键,在弹出的对话框中选择"新建项",接着选择"添加",弹出如图 1.7 所示的"添加新项"对话框,在"名称"处起文件名,文件名后缀为".cpp",之后单击"添加"按钮确定。

图 1.6　在当前项目中添加新文件

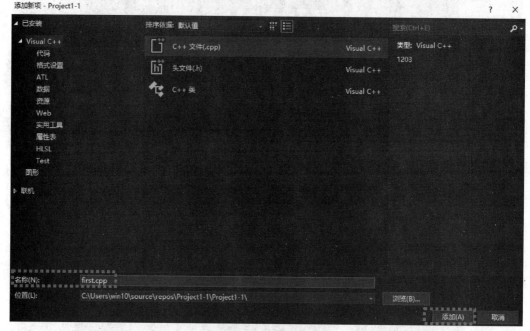

图 1.7　建立 C++ 源文件

⑤编写程序代码。在如图 1.8 所示的编辑窗口中输入如下内容。

```cpp
#include <iostream>
using namespace std;
int main ( ) {
    cout << "Hello World!" << endl;
    return 0;
}
```

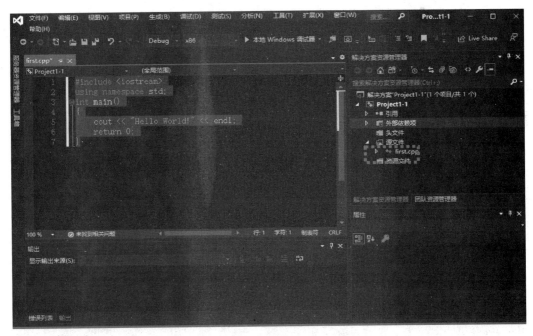

图 1.8 编辑窗口

⑥编译、连接执行程序。

编好代码后，选择如图 1.9 菜单栏中"生成"→"生成解决方案"，编译链接程序，在输出窗口若出现"生成：成功 1 个失败 0 个，最新 0 个，跳过 0 个"，说明程序没有编辑错误；选择如图 1.10 菜单栏中"调试"→"开始执行不调试"，出现如图 1.11 所示的程序执行窗口，在执行窗口可完成程序数据的输入、结果输出等操作，按任意键就可返回编辑界面。

图 1.9 编译链接程序

图 1.10 执行程序

图 1.11 执行窗口

⑦修改程序。

将 cout << "Hello World!" << endl 行中的分号";"去掉，重复⑥中的"重新生成解决方案"，可以看到其中的程序编译结果窗口显示"错误 2，警告 0"，如图 1.12 所示，说明程序有编辑错误；鼠标双击编译信息窗口滚动条中错误提示语句，在程序代码编辑区会有一个绿色光标指向该行错误语句，仔细检查，修改错误。

修改完一个错误，再次单击"重新生成解决方案"，重新编译连接程序，这样可以快速减少错误的数目，有效检查程序。

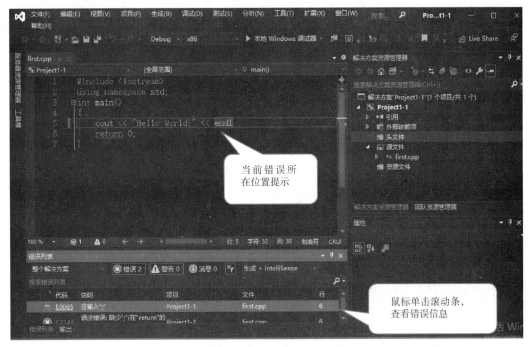

图 1.12　程序编辑窗口

注意事项：

a. 必须顺序完成程序编辑、编译连接、运行的各个过程。没有正确编译成功的程序是不可能运行的！

b. 请注意经常保存 C++ 源程序，以免发生意外时，源程序丢失。

c. Error 错误——程序中具有语法错误，不能产生目标程序、执行程序，必须修改程序，并重新编译，直到成功。

d. Warning 错误——警告错，程序可以产生目标程序、可执行程序，一般可以忽略。

1.1.3　熟悉程序的调试手段

调试程序是程序设计过程经常需要做的工作，它的主要目的是找出程序中的逻辑错误，例如下面程序（输入两个数，判断是否相等，相等输出 m=m；不相等输出 m!=n）在编译连接时，编译结果窗口显示 0 error（0），0 warning（s），但是运行结果却不对，究其原因是有一个逻辑错误，即在 if（m=n）语句中错把等号"=="写为赋值符号"="了。这种情况可通过调试程序查找出错误。

```
#include <iostream>
using namespace std;
```

```
int main（）{
    int n,m;
    cout<<"please enter two integer number,n=?,m=?"<<endl；
    cin>>n>>m;
    if（m=n）// 判断 m 是否等于 n
            cout<<"m=n\n"；
     else
        {  m = n；cout << " 修改后使 m=n\n"；           }
return 0；
}
```

调试程序的一般过程如下。

（1）设置断点

定位光标到 main 函数中的某一行，选择"调试"→"切换断点"（或使用快捷键 F9）可在该行设置断点，设置断点后选择"调试"→"开始调试"（或使用快捷键 F5）连续执行程序，程序执行到断点处停止执行，进入调试程序界面。"调试"菜单的子菜单如图 1.13 所示，其中"逐语句"（或使用快捷键 F11）是指逐句执行程序语句，并进入子函数单步执行，即单步进入结构内执行；"逐过程"（或使用快捷键 F10）是指逐句执行程序语句，但不仅进入子函数，把子函数当成一条调用语句执行，即单步越过结构内执行。

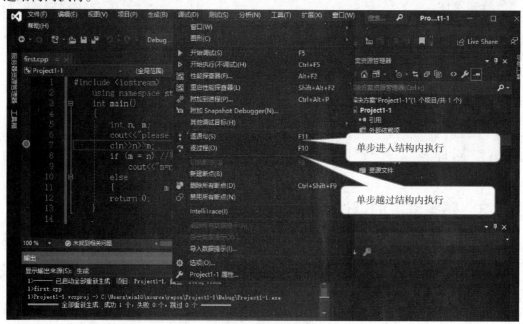

图 1.13　程序调试窗口

（2）单步执行，观察重点变量的取值情况

如图 1.14 所示，在执行窗口，会显示断点语句之前的连续执行结果，且终止在断点语句处。编辑窗口中的"自动窗口"处会显示程序中变量的当前值。当选择单步执行程序时（使用快捷键 F11 或 F10），程序会从断点语句处开始单步执行，每执行完一条语句，再使用快捷键 F11 或 F10 单步执行下一条语句，从"自动窗口"可以观察变量每次单步执行后的变化；若遇到输入语句，在执行窗口输入，执行窗口会显示执行过的输出语句的输出内容。

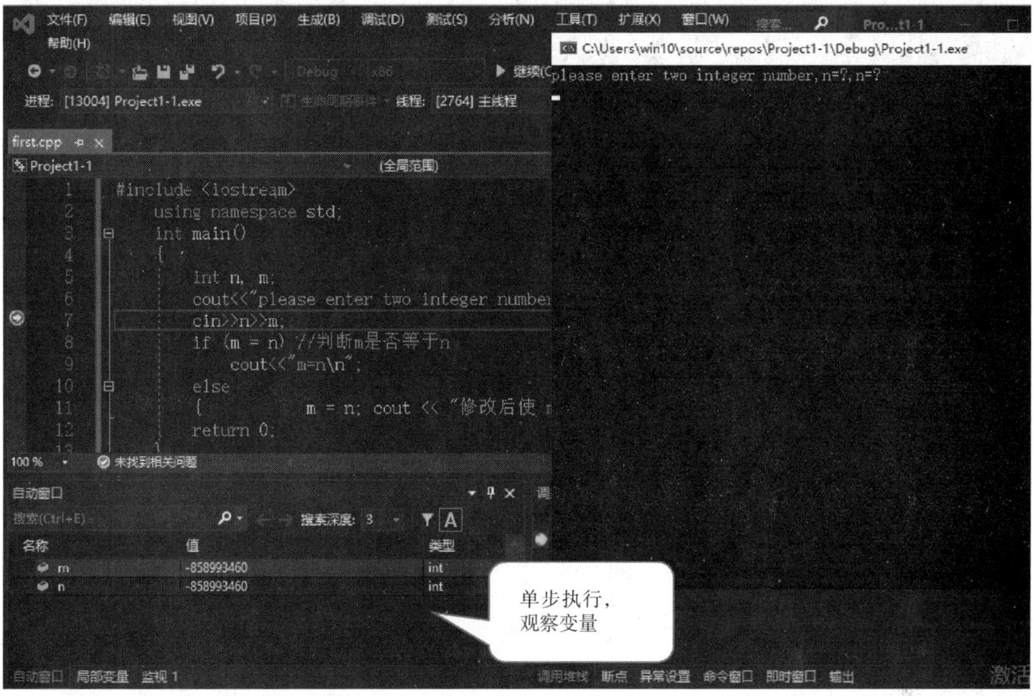

图 1.14　调试过程中的变量观察

如图 1.15 所示，在编辑窗口，连续执行两次单步操作后（使用快捷键 F11 或 F10），程序语句执行到黄色小箭头所指的位置，假设前面断点处的输入语句输入值为 5 和 7，此时自动窗口中变量 n 和变量 m 的值却不是 5 和 7，而都是 5，为什么呢？稍做思考和分析，会检查出是由于"if（m=n）"语句中将判断运算符"=="错写为赋值运算符"="了，从而将逻辑错误找出。

（3）退出调试窗口

分析完变量值的变化、找出逻辑错误后，若要退出调试，需要选择"调试"→"停止调试"退出调试环境，返回程序编辑窗口。

注意：

通过调试方法查找程序逻辑错误时，一定是在程序没有语法错误的前提下进行的，即在程序"0 error（0），0 warning（s）"的情况下进行。

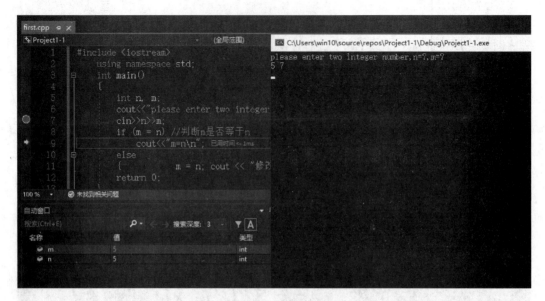

图 1.15　调试过程中的变量分析

1.2　编程实验

1.2.1　实验目的

①熟悉编程环境。

②掌握程序调试方法。

1.2.2　实验任务

1. 编写程序，输入一个整数 n（$0<n<100$），输出 n 行，每行都是 "Hello World!"，通过调试窗口观察变量 n 的变化。

2. 编写程序，任意给定 n（$0<n<100$）个整数，求这 n 个整数序列的最小值 min、最大值 max。通过调试窗口观察变量 min 与变量 max 的变化。

输入描述

输入一个整数 n，代表接下来输入整数个数；接着输入 n 个整数，代表 n 个整数序列。

输出描述

输出整数序列的最小值、最大值，用空格隔开。

3. 分析程序要求，编写运行以下程序，再分析程序运行结果，理解静态变量的特点。

```cpp
#include <iostream>
using namespace std;
void fun（int x）
```

```
{
    static int a = x;  // 思考该语句在函数反复调用的过程中是否每次都执行?
    static int b = 0;  // 思考该语句在函数反复调用的过程中是否每次都执行?
    a++;
    b++;
    cout<<"a="<<a<<"; b="<<b<<endl;  // 分析思考其输出结果
}
int main ( )
{
    int i;
    for ( i = 5; i > 0; i-- )
    {
        fun ( i );  // 在该处设置断点，分别使用快捷键 F11 或 F10 两种方式调试
    }
    return 0;
}
```

1.2.3　实验步骤

①新建一个空的工程项目 lab_1，向其中添加一个 C++ 源文件 first.cpp（方法见1.1.2），输入实验任务中第 1 题的代码，检查无误后编译运行源程序，观察输出结果并分析。

②完成第 1 题后，在工程项目 lab_1 中添加第二个 C++ 源文件 second.cpp（此前先将 first.cpp 中的主函数部分注释掉，以保证一个工程项目中只有一个主函数），输入实验任务中第 2 题的代码，检查无误后编译运行源程序，观察输出结果并分析。

③按以步骤依次完成实验任务第 3，观察输出结果并回答思考题。

注意事项：

a. 必须顺序完成程序编辑、编译连接、运行的各个过程。没有正确编译成功的程序是不可能运行的！

b. 请注意经常保存 C++ 源程序，以免发生意外时，源程序丢失。

c. Error 错误——致命错的程序不能产生目标程序、执行程序，必须修改程序，并重新编译，直到成功。

d. Warning 错误——警告错的程序可以产生目标程序、可执行程序，但是最好修改，警告错一般也意味着程序有问题，尽管这种程序可以强行编译连接为可执行程序，但结果也可能出现问题。

e.程序的逻辑错误在编译过程中并不会得到错误提示，若程序通过编译运行后得到了输出结果，但输出结果不是正确结果，可通过设置断点、单步调试程序进行错误查找。

1.2.4 分析与讨论

1. C++ 程序的基本结构是怎样的？

2. 一个程序通过编译并运行后得到了输出结果，这一结果是否一定正确？

3 如果程序中出现逻辑错误该怎么处理？在 VS 环境中 debug 调试功能（单步执行、设置断点、观察变量值）的实现方法是怎样的？

1.3 习 题

一、选择题

1. （多选题）以下关于 VS 中 C++ 程序调试方法描述正确的是（   ）。

A. 逐过程调试的特点是遇到函数调用的地方，执行函数，不进入函数内部

B. 逐语句调试的特点是遇到函数调用的地方，进入函数内部执行

C. 设置断点的语句会在那一行程序最前面点出现一个红点

D. 把光标定位到一个函数 / 变量上，双击，则选中该变量 / 函数，单击右键，可以转到函数 / 变量定义的地方

2. （多选题）以下关于程序编译描述正确是（   ）。

A. 源程序编制完成后，先由 C++ 编译程序编译成 .obj 文件，再由连接程序连接成可执行文件

B. 在编译时，如果源程序存在语法错误（errors），则系统不允许连接，直到改正了所有的语法错误后，才能进行连接

C. 在编译时，如果源程序存在警告性错误（warnings），则系统不允许连接，直到改正了所有的语法错误后，才能进行连接

D. 警告性错误（warnings）一般不影响程序的连接，很多情况下也不影响程序的执行结果

3. （多选题）以下关于改正编译错误的方法描述正确是（   ）。

A. 改正错误时一般从第一个错误开始，每改正一个或几个错误后，应重新编译程序，因为程序后续语句的错误有可能由当前错误语句造成

B. 在输出窗口中双击指定错误，则系统会自动定位到该错误出现的位置

C. 错误标识只是告诉程序员编译时在此位置出错了，真正的错误可能出现在该标识语句的前一语句或后一语句

D. 改正了前面的错误后，可能会使错误量减少很多，也可能增加很多

二、分析以下程序，查找错误并修改之。

```
#include <stdio.h>
void main（  ）
{
    int i=5,j=6,sum；
    sum=i+j
    cout<<sum；
}
```

2 C++ 语言基础知识

[知识点]

面向对象的基本概念，C++ 语言特点；C++ 的字符集，正确的标识符书写规则；C++ 中的基本数据类型，常量、变量、符号常量的概念，引用的概念；常用的运算符与表达式；算法的基本控制结构；自定义数据类型，枚举类型 enum 的特点及应用；函数的定义与使用，内联函数的定义与特点，带默认形参值函数的特点与使用，函数重载的概念与特点，C++ 系统函数的概念。

[重点]

常用运算符与表达式的特点及其使用；内联函数的特点与使用；带默认形参值函数的特点与使用；函数重载的特点与使用。

[难点]

理解函数传递过程中值传递与地址传递的区别；掌握引用作为函数参数的使用。

[基本要求]

识记：C++ 语言的特点；基本数据类型 int、char、double、bool 的表示范围及长度；算术运算符 +、-、*、/、%、++、-- 的使用范围及特点；赋值运算符、复合赋值运算符的概念与使用；逗号运算符与表达式、逻辑运算符与表达式、条件运算符与表达式的特点与使用；sizeof 运算符的特点与使用；位运算符的特点与使用；引用变量的正确定义与使用。

领会：枚举类型 enum 的特点与使用；函数的调用过程；内联函数的特点、带默认形参值函数的特点、函数重载的特点。

简单应用：引用作为函数参数的传递；逗号表达式、逻辑表达式、条件表达式的计算。

综合应用：编写简单的 C++ 程序，利用 C++ 库函数及自定义函数实现复杂算术问题的求解。

2.1 内容提要

2.1.1 C++ 语言特点

C++ 作为一种面向对象程序设计语言，具有对象、类、消息等概念，同时支持面向对象技术的抽象性、封装性、继承性和多态性。

1. C++字符集

大小写的英文字母：A~Z，a~z

数字字符：0~9

特殊字符：空格 ! # % ^ & * _ （下画线） + = - ~ < > / \ '
" ; . , : ? ( ) 〔 〕 {}

2. C++字符（标识符）的构成规则

以大写字母、小写字母或下画线（_）开始；

可以由以大写字母、小写字母、下画线（_）或数字0~9组成；

大写字母和小写字母代表不同的标识符。

2.1.2　基本数据类型和表达式

1. 数据类型

C++语言的数据类型如图2.1所示。

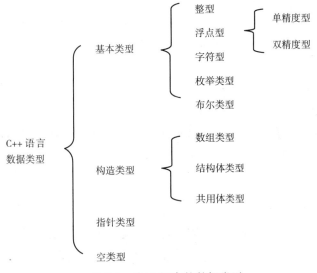

图2.1　C++语言的数据类型

类型修饰符：signed/unsigned short/long

2. 变量、常量、符号常量

● 变量：程序内一个内存位置的符号名，在该内存位置可以保存数据，并可以通过符号名对该内存地址存放的数据进行访问。变量的值可以修改，是可变的，但在某个确定的时刻，变量的值是确定的，并一直保持到下次被修改之前。

例如：int i = 0； //i是变量

i=5；　　 //i 可以修改

● 常量：在程序中直接表示的，如整型常量、浮点型常量、字符常量、字符串常量，这四种常量都叫作普通常量，也称之为字面值常量。

常量的作用：给变量赋值。

● 符号常量：用 const 修饰的变量。

例如：const int i = 10 ；//i 本身是变量，但是被 const 修饰后变成了符号常量，它的值不可修改。

还有相对于宏定义的符号常量，如：#define A 10。

它们的区别是：宏定义由预处理处理，是单纯的是纯文本替换，而 const 常量由 C++ 编译器处理，提供类型检查和作用域检查。

3. C++ 运算符

基本算术运算符： +   -   *   /   %

关系运算符：<   <=   >   >=   ==   !=

逻辑运算符：!（非） &&（与） ‖（或）

位运算符：<<   >>   &   ^ |

4. 赋值运算符和赋值表达式

由赋值运算符或复合赋值运算符，将一个变量和一个表达式连接起来的表达式，称为赋值表达式。赋值运算优先级较低，且满足右结合律。

（1）一般格式

变量（复合）赋值运算符 表达式

（2）赋值表达式的值

任何一个表达式都有一个值，赋值表达式也不例外。被赋值变量的值，就是赋值表达式的值。

例如，" a=5+（c=6）" 这个赋值表达式，变量 a 的结果值 "11" 就是它的值。

5. 逗号运算和逗号表达式

由逗号运算符将两个及两个以上的表达式用逗号连起来的表达式，称为逗号表达式，整个逗号表达式会有一个返回值，是最后一个表达式的值。

（1）一般格式

表达式 1，表达式 2

（2）求解顺序及结果

先求解表达式 1，再求解表达式 2，逗号表达式结果为表达式 2 的值。

例如，" 3*5，15*4 " 这个逗号表达式，其结果为 "60"。

6. 关系运算和关系表达式

由关系运算符连接起来的表达式，称为关系表达式。关系运算优先级次于算术运算。

（1）关系运算符

<   <=   >   >=   ==   !=

（2）关系表达式结果

命题为真（true）：值为 1

命题为假（false）：值为 0

例如，"a=1, b=3, c=6, x=y=1"，则以下关系表达式的结果是什么？

    a>b, c<=a+b, x+y==3

（答案：（0，0，0））

7. 逻辑运算和逻辑表达式

由逻辑运算符连接起来的表达式，称为逻辑表达式。

（1）关系运算符

! （单目）取反   非运算   优先级高于算术运算符

&& （双目）并且   与运算   优先级低于运算符

‖（双目）或者   或运算   运算符低于 &&

（2）短路特性

‖：左边成立情况下编译器不计算右边

&&：左边不成立情况下编译器不计算右边

例如，已知 " a=1, b=2, c=3, d=4, m=1, n=1 "，则逻辑运算（m=a>b）&&（n=c>d）后 m 和 n 的值为 0,1（因为 && 左边表达式结果为 0 的情况下，编译器不会计算右边，n 为原来的值）。

8. 条件运算和条件表达式

由条件运算符连接起来的表达式，称为条件表达式。条件运算符实际上是 if else 结构的简化表达方式。

（1）一般格式

表达式 1 ? 表达式 2：表达式 3

表达式 1 必须是 bool 类型，如果表达式 1 结果为 true，则条件表达式的结果为表达式 2 的结果，如果表达式 1 结果为 false，则条件表达式的结果为表达式 3 的结果。

例如：a=1,b=3,c=6,x=y=1，则表达式 a>b?x=c:x=b 的结果为 3。

（2）条件运算符的优先级

条件运算符低于关系运算符和算术运算符，但高于赋值符。

9. sizeof 运算符

语法形式：sizeof（类型名）或 sizeof（表达式）

结果值："类型名"所指定的类型或"表达式"的结果类型所占字节数

例如：int x=2；则以下表达式结果是什么？

sizeof（short） //2

sizeof（x）//4

10. 位运算——按位与（&）

运算规则：将两个运算量的每一个位进行逻辑与操作。

举例：计算 3 & 5

　3：　　00000011

　5：　（&）00000101

3 & 5：　　00000001

用途：

（1）将某一位置 0，其他位不变

例如：char a;

　　　a = a & 0376；//将其最低位置 0

（2）取指定位

例如：　char c;

　　　　short a;

　　　　c = a & 0377；//取出 a 的低字节，置于 c 中

11. 位运算——按位或（|）

运算规则：将两个运算量的每一个位进行逻辑或操作。

举例：计算 3 | 5

　3：　　00000011

　5：　（|）00000101

3 | 5：　　00000111

用途：将某些位置 1，其他位不变。

例如：short a;

　　　a = a | 0xff；//将 a 的低字节置 1

12. 位运算——按位异或（^）

运算规则：两个操作数进行异或，若对应位相同，则结果该位为 0；若对应位不同，则结果该位为 1。

举例：计算 071^052

　071：　　00111001

　052：　（^）00101010

071^052：　　00010011

用途：使某些特定的位翻转，其他位不变。

例如：对数 10100001 的第 4 位和第 5 位翻转，则可以将该数与 00011000 进行按位异或运算。

　　　10100001^00011000 = 10111001

特殊情况：a^=1（a 由真变假，由假变真）。

13. 位运算——按位异或（^）

运算规则：两个操作数进行异或，若对应位相同，则结果该位为 0；若对应位不同，则结果该位为 1。

举例：计算 071^052

071：　　　0 0 1 1 1 0 0 1

052：　（^）0 0 1 0 1 0 1 0

071^052：　0 0 0 1 0 0 1 1

用途：使某些特定的位翻转，其他位不变。

例如：对数 10100001 的第 4 位和第 5 位翻转，则可以将该数与 00011000 进行按位异或运算。

10100001^00011000 = 10111001

特殊情况：a^=1（a 由真变假，由假变真）。

14. 位运算——取反（~）

运算规则：单目运算符，对一个二进制数按位取反，即将"0"变"1"，"1"变"0"。

举例：025：0000000000010101

~025：1111111111101010

用途：反码、补码的计算。

15. 位运算——移位

运算规则：

（1）左移运算（<<）

左移后，低位补 0；高位舍弃。

（2）右移运算（>>）

右移后，低位舍弃；高位无符号数补 0，有符号数补"符号位"。

例如：char a=2，下列式子的结果是什么？

a>>2　a<<2

（答案：0，8）

用途：左移 n 位相当于 a=a*2^n；右移 n 位相当于 a=a/2n。

2.1.3　数据的输入 / 输出

C++ 数据的输入与输出可以是以终端为对象的，即从键盘输入数据，运行结果输出到显示器屏幕上；也可以是以文件为对象的，即从输入文件将数据传送给程序，程序处理后将数据传送给输出文件。

由于以文件为对象的输入输出需要先建立面向对象的编程思想，所以该部分内容放在后续第 8 章进行说明。

1. 以终端为对象

C++ 编译系统提供了用于输入输出的 iostream 类库，它为用户进行标准输入、输出操作定义了流对象。cin 标准输入流，输入设备是键盘。cout 标准输出流，输出设备是显示器。

cout 语句的一般格式为：cout<< 表达式 1<< 表达式 2<<……<< 表达式 n；

cin 语句的一般格式为： cin>> 变量 1>> 变量 2>>……>> 变量 n；

"<<"是预定义的流插入运算符，">>"是流提取运算符。">>"提取时在遇空格、换行都结束。

举例：

int a,b,c; //定义三个整型变量

cin>>a>>b>>c>>d； //从键盘输入三个变量的值

cout<<a<<' '<<b<<' '<<c<<endl； //显示器输出三个变量的值

注意：

①在定义流对象（如 cin 或 cout）时，系统会在内存中开辟一段缓冲区，用来暂存输入输出流的数据。在执行 cout 语句时，先把插入的数据顺序存放在输出缓冲区中，直到输出缓冲区满或遇到 cout 语句中的 endl（或 '\n', ends, flush）为止，此时将缓冲区中已有的数据一起输出，并清空缓冲区。

②一个 cout 语句可以分写成若干行，也可以写成多个 cout 语句。

例如 cout<<a<<' '<<b<<' '<<c<<endl；可以写成：

cout<< a<<' ' //注意行末尾无分号

 << b

 <<' '<<c<<endl；//语句最后有分号

也可写成多个 cout 语句，即：

cout<< a；//语句末尾有分号

cout <<' '<<b<<' '；

cout c<<endl；

以上 3 种情况的输出均为：a b c。

③不能用一个插入运算符"<<"插入多个输出项，如：

cout<< a,b,c；//错误，不能一次插入多项

cout<<a+b+c；//正确，这是一个表达式，作为一项

④在用 cout 输出时，用户不必通知计算机按何种类型输出，系统会自动判别输出数据的类型，使输出的数据按相应的类型输出。

⑤与 cout 类似，一个 cin 语句可以分写成若干行，也可以写成多个 cout 语句。例如 cin>>a>>b>>c>>d；可以写成：

```
cin>>a // 注意行末尾无分号
>>b // 这样写可能看起来清晰些
>>c
>>d;
```

也可以写成：

```
cin>>a;
cin>>b;
cin>>c;
cin>>d;
```

以上 3 种情况均可以从键盘输入：1　2　3　4↙。

（说明：书中"↙"代表回车。）

也可以分多行输入数据：

1↙

2↙

3↙

4↙

⑥不能用 cin 语句把空格字符和回车换行符作为字符输入给字符变量，它们将被跳过。如果想将空格字符或回车换行符（或任何其他键盘上的字符）输入给字符变量，可以使用 getchar（ ）函数。

⑦在输入流与输出流中使用控制符时，程序单位的开头除了要加 iostream 头文件外，还要加 iomanip 头文件。

2. 简单的 I/O 格式控制

C++ I/O 流类库提供了一些操纵符，可以直接嵌入输入输出语句中来实现 I/O 格式控制。要使用操纵符，必须在源程序的开头包含 iomainp 头文件。常见的操纵符有以下几种。

- endl：插入换行符，并刷新流；
- ends：插入空字符；
- setprecision（int）：设置浮点数的小数位数（包括小数点）；
- setw（int）：设置域宽；
- dec：数值数据采用十进制表示；
- hex：数值数据采用十六进制表示；
- oct：数值数据采用八进制表示；
- ws：提取空白符。

例如，要输出浮点数 3.1418569 并换行，设置域宽为 5 个字符，小数点后保留两位有效数字，输出语句如下：

cout << setw（5）<< setprecision（2）<< 3.1418569；

2.1.4 算法的基本控制结构

算法的基本控制结构有 3 种：顺序结构、选择结构、循环结构。三种结构可以相互嵌套完成程序设计。

2.1.5 C++ 自定义数据类型

根据需要，对已有数据类型限定、组合来定义新的数据类型，称为自定义数据类型。自定义数据类型有：枚举类型、结构体类型、联合类型、数组类型、类类型……

1. typedef 声明

为一个已有的数据类型另外命名，称为 typedef 声明。

语法形式：

typedef 已有类型名 新类型名表；

例如：

typedef int area；// 将 double 类型命名为 area，area 具有和 int 相同的作用

area a；// 变量 a 为整型变量

2. 枚举类型——enum

当一个变量有几种可能的取值时，就可以将它定义为枚举类型。或者说，只要将需要的变量值一一列举出来，便构成了一个枚举类型。

枚举类型的声明形式：enum 枚举类型名 { 变量值列表 }；

例如： enum weekday {sun,mon,tue,wed,thu,fri,sat}；

说明：

①变量值列表中每个成员称为枚举元素，枚举元素具有缺省值，它们依次为：0,1,2……

②可以在声明时另行指定枚举元素的值，如：enum weekday {sun=7,mon=1,tue,wed,thu,fri,sat}；

③对枚举元素按常量处理，不能对它们再赋值。例如，不能写：sun=0；。

④整数值不能直接赋给枚举变量，如需要将整数赋值给枚举变量，应进行强制类型转换。

举例：

设某次体育比赛的结果有四种可能：胜（win）、负（lose）、平局（tie）、比赛取消（cancel），编写程序顺序输出这四种情况。

分析：由于比赛结果只有四种可能，所以可以声明一个枚举类型，声明一个枚举

类型的变量来存放比赛结果。

```
#include <iostream>
using namespace std;
enum gameresult{win,lose,tie,cancle};  // 声明枚举类型
void main（）
{
    gameresult result;  // 利用枚举类型 gameresult 定义变量
    int c;
    cin>>c;
    result=（gameresult）c;  // 整型变量 c 不能直接给枚举变量 result 赋值，需经过
强制类型转换
    switch（result） // 根据 result 的值选择输出
    {
        case win:cout<<"win!\n";  break;
        case lose:cout<<"lose!\n";  break;
        case tie:cout<<"tie!\n";  break;
        case cancle:cout<<"cancle!\n";  break;
        default:cout<<"missing input!\n";  break;
    }
}
```

运行结果：

2 ↙

tie!

2.1.6　函数的参数传递 - 引用

引用（&）是标识符的别名。

说明：

①声明一个引用时，必须同时对它进行初始化，使它指向一个已存在的对象；

②一个引用被初始化后，就不能改为指向其他对象；

③引用作为函数形参，可以起到和指针作为函数形参相同的作用（对形参的改变等同于对实参的改变）。

举例：

```
void swap（int &p1,int &p2） // 引用作为函数形参
{   int t;
    t=p1;    p1=p2;         p2=t;
}
```

```
void main（）
{   int a=5,b=9;
    swap（a,b）;  // 函数调用时，实参传递给形参
    cout<< "a=," <<a<< "b=" <<b;
}
```
运行结果：
    a=9,b=5

2.1.7　内联函数

内联函数用 inline 关键字修饰的函数，或在类内定义的函数。内联函数不是在调用时发生控制转移，而是在编译时将函数体嵌入在每一个调用处。

作用：提高运行的速度。对于一些程序代码小，运行时间短但利用次数比较多的函数我们就定义为内联函数。

2.1.8　带默认形参值的函数

函数声明时预先给出默认的形参值，调用时若给出实参，则采用实参值，否则采用预先给出的默认形参值。

例如：
```
int add（int x=5,int y=6）
{
        return  x+y;
}
void main（void）
{
        cout<<add（10,20）; //给出实参，使用实参，输出结果为30
        cout<<add（10）; //第二个实参没有给出，使用默认形参6，输出结果为16
        cout<<add（）; //两个实参都没有给出，输出结果为11
}
```
注意：在默认形参值的右面不能有非默认形参值的参数，比如以下操作是有错的。
```
int add（int x=1, int y=5, int z）;  // 错误
int add（int x=1, int y, int z=6）;  // 错误
```

2.1.9　函数重载

功能相近的函数在相同的作用域内以相同函数名声明，形成重载。方便使用便于记忆。

注意:

①重载函数的形参必须不同: 个数不同或类型不同。

例如:

int add（int x, int y）;

float add（float x, float y）; *//形参类型不同*

int add（int x, int y）;

int add（int x, int y, int z）; *//形参个数不同*

②编译程序将根据实参和形参的类型及个数的最佳匹配来选择调用哪一个函数。

③不要将不同功能的函数声明为重载函数, 以免出现调用结果的误解、混淆。

2.1.10　C++ 系统函数

C++ 的系统库中提供了几百个函数可供程序员使用, 例如: 求平方根函数（sprt）、求绝对值函数（abs）等。

使用系统函数时要包含相应的头文件, math.h 或 cmath。

2.2　编程实验

2.2.1　实验目的

①熟悉 C++ 程序设计中基本数据类型的使用。

②熟悉枚举类型、结构体类型等自定义数据类型的使用。

③熟悉函数的定义、说明与使用。

④熟悉引用作为函数参数的使用。

⑤理解内联函数、默认形参函数概念与使用。

2.2.2　实验任务

1. 编写程序, 理解逻辑表达式的特点。已知 " a=1, b=2, c=3, d=4, m=1, n=1 ", 编程完善程序, 输出以下表达式的结果, 思考。（回答程序注释部分的思考题!）

● （m=a>b）&&（n=c>d）

● （m=a>b）||（n=c>d）

● !（a>b）||（c<d）

● 3&5

#include<iostream>

```cpp
using namespace std;
int main( )
{
    int a=1,b=2,c=3,d=4,m=1,n=1;
    cout<<（m=a>b）&&（n=c>d）；  //思考：输出的结果是什么？
    cout<<" m="<<m<<" n="<<n<<endl;  //思考：为什么输出结果中 m=0,n=1?
    cout<<（m=a>b）||（n=c>d）；  //思考：输出的结果是什么？
    cout<<" m="<<m<<" n="<<n<<endl;  //思考：为什么输出结果 m=0,n=0?
    cout<<!（a>b）||（c<d）；  //思考：输出的结果是什么？
    cout<<3&5；  //思考：输出的结果是什么？
    return 0；
}
```

2. 分析程序，理解位运算表达式的特点。已知 " a=1, b=2, c=3 "，编程完善程序，输出以下表达式的结果。（回答程序注释部分的思考题。）

- a|b&c
- !a&b
- c>>2
- ~b^c

```cpp
#include<iostream>
using namespace std;
int main（ ）
{
    int a=1,b=2,c=3,d=4,m=1,n=1;
    cout<<（a|b&c）<<endl;  //思考："|" "&" 分别完成什么操作？
    cout<<（!a&b）<<endl;  //思考："|" "&" 分别完成什么操作？
    cout<<（c>>2）<<" "<<（c<<2）<<endl;  //思考：">>" "<<" 分别完成什么操作？
    cout<<（~b^c）<<endl;  //思考："~" "^" 分别完成什么操作？
    return 0；
}
```

3. 分析程序，理解逗号运算符及其表达式的特点。已知 " a=1, b=2, c=3, m=1,n=1 "，编程完善程序，输出以下表达式的结果。（回答程序注释部分的思考题。）

```cpp
#include<iostream>
using namespace std;
int main（ ）
{
    int a=1,b=2,c=3,m=1,n=1;
```

a=b+c,m^n；//注意：赋值符的优先级高于逗号

cout<<a<<endl；//思考：a的输出结果是5，为什么不是0？

a=（b+c,m^n）；//注意：括号的优先级高于赋值符，并且逗号运算的值等于最后一个表达式的值

cout<<a<<endl；//思考：a的输出结果是0，为什么不是5？

cout<<a<<" "<<b<<" "<<c<<endl；//思考：该条语句输出的三个结果分别是什么？

cout<<（a,b,c）<<" "<<m<<" "<<n<<endl；//思考：该条语句输出的三个结果分别是什么？

return 0；

}

4. 分析程序并调试，改正程序中的错误之处，思考在下面的枚举类型中，BULE 的值是多少？回答程序注释部分的思考题。

```
#include<iostream>
using namespace std;
enum Color{WHITE,BLACK=100,RED,BULE,GREEN=300}；//声明枚举类型
int main（）
{
    int a=BULE；//BULE为枚举类型中的一个元素，是一个常量
    cout<<a<<endl；//思考：输出结果是什么？
    Color b;
    b= a；//思考：赋值是否成功？
    cout<<b<<endl；//思考：输出结果是什么？
    return 0；
}
```

5. 编写程序。声明一个表示时间的结构体，可精确表示年、月、日、小时、分、秒；主函数使用结构体定义变量，给变量赋值并输出。

6. 编写程序。编写重载函数 add 可以分别求取两个整数，两个双精度数，两个复数之和，主函数输入不同的整型和双精度、复数数据，调用 add 完成不同整型和双精度、复数数据的输出。

7. 编写程序。使用引用作为函数参数实现主函数中两个变量值的交换。

8. 编写程序。使用系统函数 pow（x,y）计算 x^y 的值，注意包含头文件 <cmath>。

2.2.3　实验步骤

①新建一个空的工程项目 lab_2，向其中添加一个 C++ 源文件 first.cpp（方法见实验 1），输入实验任务中第 1 题的代码，检查无误后编译运行源程序，观察输出结果并回答思考题。

②完成第 1 题后，在工程项目 lab_1 中添加第二个 C++ 源文件 second.cpp（此前先将 first.cpp 中的主函数部分注释掉，以保证一个工程项目中只有一个主函数），输入实验任务中第 2 题的代码，检查无误后编译运行源程序，观察输出结果并回答思考题。

③按以上步骤依次完成实验任务第 3、4、5、6、7、8 题，观察输出结果并回答思考题。

2.2.4 分析与讨论

1. 结构体数据类型的特点与使用注意事项有哪些？
2. 枚举数据类型的特点与使用注意事项有哪些？
3. 引用作为函数参数的使用特点是什么？

2.3 习 题

一、选择题

1.（多选题）以下字符串可以作为标识符的是（　　）。

A._ 　　　　B.123 　　　　C.C++ 　　　　D.Define

E.char 　　F.cout

2.（多选题）以下属于 C++ 语言的特点是（　　）。

A. 支持面向对象程序设计

B. 支持面向过程设计

C. 可以使用抽象数据类型进行基于对象的编程

D. 可以担负起以模版为特征的泛型化编程

3.（多选题）可以将某些位置 1，其他位不变的位运算是（　　）。

A. 按位与（&） 　　　　　　B. 按位或（|）

C. 按位异或（^）

4.（单选题）以下属于算术运算符的是（　　）。

A.^ 　　　　B. % 　　　　C.= 　　　　D.||

5.（单选题）表达式 a=0 || sizeof（int）的值为（　　）。

A.true 　　　　　　B.false

6.（单选题）question 定义如下，它缺失了（　　）。

```
question（int a）
{
    return a；
}
```

A. 函数返回值类型 　　　　　　B. 程序语句

7.（多选题）在 C++ 中，关于引用和指针的正确描述是（　　）。

A. 引用和指针都可以被重新赋值

B. 引用创建时必须初始化，而指针则可以在任何时候被初始化

C. 引用没有 const，指针有 const，const 的指针不可变

D. 指针是一个实体，而引用仅是个别名

8.（单选题）以下有关内联函数描述正确的是（　　）。

A. 函数体含有递归语句

B. 函数代码多，频繁调用

C. 函数代码少，频繁调用

D. 函数体含有循环语句

9.（多选题）下面说法正确的是（　　）。

A. 内联函数在运行时是将该函数的目标代码插入每个调用该函数的地方

B. 内联函数在编译时是将该函数的目标代码插入每个调用该函数的地方

C. 内联函数用 inline 修饰，用于取代 C++ 语言中的宏定义

D.inline 是个建议机制而不是强制机制

10.（单选题）下面说法正确的是（　　）。

A. 内联函数在调用时发生控制转移

B. 内联函数必须通过关键字 inline 来定义

C. 内联函数是通过编译器来实现的

D. 内联函数函数体的最后一条语句必须是 return 语句

11.（单选题）判断下面有关默认形参值的函数定义中错误的是（　　）。

A.float volume（float x=1.0,float y=1.0,float z=1.0）{return x*y*z；}

B.float volume（float x,float y=1.0,float z）{return x*y*z；}

C.float volume（float x,float y=1.0,float z=1.0）{return x*y*z；}

D.float volume（float x,float y,float z）{return x*y*z；}

12.（单选题）以下有关重载函数描述正确的是（　　）。

A. 重载函数必须具有不同的返回值类型

B. 重载函数形参个数必须不同

C. 重载函数必须有不同的形参列表

D. 重载函数名可以不同

13.（单选题）已知程序中有以下声明：

int nonconst_var = 100；

const int const_var1 = 2；

const int const_var2 = nonconst_var；

则选项中代码正确的是（　　）。

A.constexpr int constexpr_var1 = 3 + const_var1 * 4；

B.constexpr int constexpr_var2 = 3 + nonconst_var * 4;

C.constexpr int constexpr_var3 = 3 + const_var2 * 4;

二、填空题

1.分析以下表达式属于哪一种？请填写以下答案之一（逗号、关系、逻辑、条件、位运算）。

A>=b_____

A<b?1:0_____

A&&b_____

A&b_____

int a=3*5,a+10_____

2.已知程序代码如下，写出其正确的输出。

```
#include <iostream>
#include <iomanip>
using namespace std;
int getVolume（int length=0, int width=0, int height=0）{
    cout << setw（5）<< length << setw（5）<< width << setw（5）<< height << '\t';
    return length * width * height;
}
int main（）{
    const int X = 10, Y = 12, Z = 15;
    cout << "Some box data is: \n";
    cout << getVolume（X, Y, Z）<< endl;   //_____
    cout << getVolume（X, Y）<< endl;   //_____
    cout << getVolume（X）<< endl;   //_____
    return 0;
}
```

3.通过查阅系统函数完成下列程序，输入一个浮点数，输出其绝对值。本题答案fabs或者abs都算对。

```
#include <_____> //写出正确的头文件
#include <iostream>
using namespace std;
int main（void）
{
    float n;
    cin >> n;
```

```
        cout << fabs（n）<< endl；
        return 0；
}
```

4.已知程序代码如下，若输入为 11110001，写出其正确的输出。

```
include <cmath>
using namespace std；
int main（ ）
{
    int  value = 0；  // 输出的十进制数
    char ch；  // 存放每个二进制位
    cout << "Enter an 8 bit binary number  "；
    for（int i = 7；i >= 0；i--）{
        cin >> ch；
        if（ch == '1'）
            value += static_cast<int>（pow（2,i））；  // static_cast<int> 作用是什么？
    }
    cout << "Decimal value is "  << value << endl；// 输出结果是什么？
    return 0；
}
```

三、编程题

1.抽屉里里有红、黄、蓝、白、黑 5 种颜色的若干个球。每次从抽屉中取出 3 个球，求得到 3 种不同色球的可能取法，编程输出每种排列的情况。

2.已知斐波那契数列 f(n) 满足以下定义：f(0)= 1, f(1)= 1, f(n)= f(n-1)+ f(n-2)（n >= 2）。编程完成以下内容。

输入描述：每行输入一个整数 n, 0 <= n <= 80。

输出描述：对于每一行输入，输出斐波那契数列第 n 项的值 f(n)。

3 类与对象

[知识点]

C++ 程序中类的定义与实现；理解构造函数与析构函数的定义与作用；类的组合的概念与使用。

[重点]

理解类与对象的概念，掌握类与对象的编程实现。

[难点]

组合类的概念与使用；有参构造函数、默认形参构造函数、无参构造函数、复制构造函数的定义与区别；构造函数和析构函数的区别与应用，对象的初始化。

[基本要求]

识记：类与对象的定义格式；有参构造函数、默认形参构造函数、无参构造函数、复制构造函数、析构函数的书写格式；组合类的概念，组合类有参构造函数的书写格式。

领会：类与对象的区别与联系；类中不同种类构造函数的使用。

简单应用：编写简单的类与对象程序，熟悉类的定义、实现、使用。

综合应用：编写组合类，实现具有一定功能的类与对象的程序设计。

3.1 内容提要

3.1.1 类与对象

类是对一类事物共同属性和行为的抽象。

对象是该类的某一特定实例。

在程序设计中，可以把类当成是一种自定义数据类型，是对逻辑上相关的函数与数据的封装，那么对象则是该数据类型定义的一个变量。

类与对象的区别：

①类是对象的抽象，不占用内存。

②对象是类的具体实例，占用存储空间。

1. 类的定义

类是一种用户自定义类型，声明形式：

class 类名称

{

```
public:
        公有成员
private:
        私有成员
protected：
        保护型成员
};
```
其中的成员可以是数据，也可以是函数，类中的函数可以无条件访问类中的数据。

● public 属性：是类与外部的接口，任何类外定义的对象或函数都可以访问公有类型数据和函数。

● private 属性：只允许本类中的函数访问，来自类外部的任何访问都是非法的。

● protected 属性：与 private 类似，其差别表现在继承与派生时对派生类的影响不同。

注意：

类这种自定义数据类型的字节大小是其封装的所有数据类型字节数之和。

举例：定义一个时间类 Time，类中包括 3 个整型数据成员（分别代表小时 hour、分钟 minute、秒 second，访问属性为 private）和两个成员函数（访问属性为 public），要求两个成员函数分别操作数据成员，完成时间的设置和显示功能。

Time 类的完整定义和实现如下所述，其字节大小为 3 个整型数据成员字节数之和，即 12 个字节。

```
#include<iostream>
using namespace std;
class Time
{
    private:
        int hour,minute,second;  //3 个整型数据成员
    public:
        void setTime（int h,int m,int s）;
        void showTime（）;
}; // 注意：定义一个类时，分号不可省!
void Time::setTime（int h,int m,int s） // 成员函数的类外实现，要加类名和类的作用域标识符
    {// 类中的成员函数可以直接对数据成员进行处理，下面是给 3 个数据成员赋值
        hour=（h>=0&&h<24）?h:0;  // 形参 h 条件选择赋值给数据成员 hour
        minute=（m>=0&&m<60）?m:0;  // 形参 m 条件选择赋值给数据成员 minute
```

```
        second=（s>=0&&s<60）?s:0；// 形参 s 条件选择赋值给数据成员 second
    }
    void Time::showTime（）// 成员函数的类外实现
    {
        cout<<hour<<':'<<minute<<':'<<second<<endl；// 对数据成员进行输出处理
    }
    void main（）
    {
        Time EndTime；// EndTime 为 Time 类定义的一个实例对象（也可理解为变量）
        EndTime.setTime（11,34,47）；// EndTime 对象调用其成员函数 setTime（）
        EndTime.showTime（）；// EndTime 对象调用其成员函数 showTime（）
        cout<<"Time 类型的字节大小："<<sizeof（Time）<<"Time 类型定义的一个实
例对象 EndTime 的字节大小：" << sizeof（EndTime）；
        // 说明：在 VS 环境下输出结果都为 12，即 3 个整型数据成员字节数之和
    }
```

2. 类的成员函数

类的成员函数是程序算法的实现部分，是对封装的数据进行操作的方法，如上例中的 setTime（）和 showTime（）。

（1）成员函数的实现

函数的原型（包括函数的参数表和返回值类型）声明要写在类体中，函数的具体实现可以写在类定义之内也可以写在类定义之外，若写在类定义之外，需要在函数名前使用类名作用域加以限定，如：

```
    void Time::setTime（int h,int m,int s）
    {
        hour=（h>=0&&h<24）?h:0;
        minute=（m>=0&&m<60）?m:0;
        second=（s>=0&&s<60）?s:0;
    }
```

（2）成员函数调用中的目的对象

调用一个成员函数需要使用"."操作符指出调用所针对的目的对象，如上例中的 EndTime.setTime（11,34,47）和 EndTime.showTime（）成员函数调用，EndTime 是它们的目的对象。

在成员函数中可以不使用"."操作符而直接引用目的对象的数据成员，例如上面的 setTime（）函数中所引用的 hour、minute、second 都是目的对象的数据成员，以 EndTime.setTime（11,34,47）调用该函数时，EndTime 对象的 hour、minute、second 被赋值为 11、34、47。

在成员函数中也可以不使用"."操作符而直接调用当前类的成员函数，例如上例

中的 setTime（ ）函数改写为如下：

```
void Time::setTime（int h,int m,int s）
{
    hour=（h>=0&&h<24）?h:0;
    minute=（m>=0&&m<60）?m:0;
    second=（s>=0&&s<60）?s:0;
    showTime（）;
}
```

那么这一次调用所针对的仍然是目的对象。以 EndTime.setTime（11,34,47）调用该函数时，EndTime 对象的 hour、minute、second 被赋值为 11、34、47 后，通过 showTime（ ）中的输出语句输出 hour、minute、second 的值。

在成员函数中引用其他类对象的成员时，需要使用"."操作符。

（3）内联成员函数

如果有的函数成员需要被频繁调用，而且代码比较简单，这个函数也可以定义为内联函数。

内联函数的声明有两种方式：隐式声明和显示声明。

将函数体直接放在类体内，这种方法称之为隐式声明。例如将上例中的 showTime（ ）函数声明为内联函数，可以写作：

```
class Time
{
    private:
        int hour;
        int minute;
        int second;
    public:
        void setTime（int h,int m,int s）;
        void showTime（）{
        cout<<hour<<':'<<minute<<':'<<second<<endl;
        }
    ……
};
```

为了保证类定义的简介，也可以采用关键字 inline 显示声明，即在函数体实现时，函数返回值类型前加上 inline，类定义中不加函数体，如上述 showTime（ ）函数显示声明为内联函数，可以写作：

```
inline void Time::showTime（）
{
    cout<<hour<<':'<<minute<<':'<<second<<endl;
}
```

（4）带默认形参值的成员函数

类成员函数的默认值，一定要写在类定义中，而不能写在类定义之外的函数实现中，如上例中的 setTime（）函数使用默认形参值写法如下：

```
class Time
{
    private:
            int hour;
            int minute;
            int second;
    public:
            void setTime（int h=0,int m=0,int s=0）
        {
            hour=h;
            minute=m;
            second=s;
        }
    ……
};
```

这样，如果调用这个函数时没有给出实参，就会按照默认的形参值给目的对象的数据成员 hour、minute、second 分别赋值为 0、0、0。

3. 类的实例——对象

定义类及其成员函数，只是对问题进行了高度的抽象和封装化的描述，问题的解决还要通过类的实例——对象之间的消息传递来完成。

主函数的功能就是声明对象并传递消息。

C++ 要求每个实例在内存中都有独一无二的地址。对象所占的内存空间大小由类决定。

类所占内存的大小是由成员变量（静态变量除外）决定的，成员函数是不计算在内的。

通过对象不可以调用类中的 private 属性成员。比如上例中目的对象 EndTime 不可以在主函数中使用"."操作符直接引用其数据成员 hour、minute、second。

3.1.2 构造函数和析构函数

就像定义基本类型变量时可以同时进行初始化一样，在定义对象的时候，也可以同时对它的数据成员赋值。对象的初始化可以由构造函数来完成。对象使用结束时的清理工作由析构函数来完成。

1. 构造函数

构造函数是一种特殊的成员函数，它的作用是对成员变量进行初始化，使得在声明对象时能自动地初始化对象。

当程序创建一个对象时，系统会自动调用该对象所属类的构造函数。

构造函数在类中的声明方式：类名（　）；

例如：

class Time

{

public:

　　Time（　）；　//无参构造函数

　　Time（int NewH, int NewM, int NewS）；　//有参构造函数

　　Time（Time &t）；　//复制构造函数

　　void ShowTime（）{

　　cout<<Hour<<":" <<Minute<<":"<<Second<<endl；}

private:

　　int Hour,Minute,Second；

}；

构造函数的实现：

Time::Time（）

{

　　cin>>Hour；　//通过输入方式给目的对象数据成员赋值

　　cin>>Minute；

　　cin>>Second；

}

Time::Time （int NewH, int NewM, int NewS）

{

　　Hour= NewH；　//通过参数传递方式给目的对象数据成员赋值

　　Minute= NewM；

　　Second= NewS；

}

Time::Time （Time &t）

{

　　Hour= t. Hour；　//将形参对象的数据成员值赋值给目的对象据成员

　　Minute= t. Minute；

```
        Second= t. Second;
    }
```

建立对象时构造函数的使用：

```
void main（ ）
{
        Time c;   // 类定义对象的同时调用无参数构造函数给目的对象 c 的数据成
员赋值
        Time c1（8,51,20）；  // 类定义对象的同时调用有参数构造函数给目的对
象 c1 的数据成员赋值
        Time c2（c1）；  // 类定义对象的同时调用复制参数构造函数给目的对象
c2 的数据成员赋值
        c.ShowTime（ ）；  // 目的对象 c 调用普通成员函数 ShowTime（ ）
}
```

程序输出结果样例：

```
15 25 10
15:25:10
请按任意键继续. . .
```

说明：

①构造函数是目的对象自动调用的第一个成员函数，主函数中类定义目的对象的同时自动调用构造函数。

②构造函数可以定义为重载函数，即可以定义为无参构造、有参构造、复制构造，主函数中类定义目的对象的同时到底调用哪个构造函数由实参类型决定。

③构造函数没有返回值。

④构造函数名与类名相同。

2. 析构函数

析构函数也是一种特殊的成员函数，它的作用是完成对象被删除前的一些清理工作。

在对象的生存期结束的时刻系统自动调用析构函数，释放此对象所属的空间。

析构函数在类中的声明方式：

~类名（ ）；

例如：

```
class Time
{
```

```
        private:
                int hour;
                int minute;
                int second;
        public:
                void setTime（int h,int m,int s）;
                void showTime（）;
                ~Time（）; //注意：析构函数没有任何参数
};
```
析构函数的实现：
```
Time::~Time（）
{
    cout<<"the end\n";
}
```
说明：

①析构函数是目的对象自动调用的最后一个成员函数，主函数中目的对象执行完其他操作后，自动调用（隐式操作）析构函数完成被删除前的一些清理工作。

②如果程序中未声明析构函数，编译器也会自动产生一个默认的析构函数。

③析构函数名与类名大致相同，区别在于在类名前加 ~ 。

④析构函数没有形参，析构函数不能定义为重载函数。

3.1.3 类的组合

在面向对象程序设计中，可以对复杂对象进行分解、抽象，把一个复杂对象分解为简单对象的组合，由比较容易理解和实现的部件对象装配而成。

一个类内嵌其他类的对象作为其成员数据的情况，它们之间的关系是一种包含与被包含的关系。

举例：定义一个线类 Line,其数据成员是点类 Point 的对象。
```
#include <iostream>
using namespace std;
#include <math.h>
class Point    // Point 类的定义
{
        private:
```

```
            int i_x;
            int i_y;
            int i_z;
        public:
            Point（）；//无参构造函数
            Point（int x,int y,int z）；//有参构造函数
            ~Point（）；//析构函数
            int getx（）；
            int gety（）；
            int getz（）；
};
Point:: Point（）//Point 类的无参构造函数的实现
{
    cout<<" 调用内嵌类无参构造函数，输入点坐标 :\n";
    cin>>i_x>>i_y>>i_z;
}
Point:: Point（int x, int y,int z）//Point 类的有参构造函数的实现
{
    cout<<" 调用内嵌类有参构造函数 \n";
    i_x=x;    i_y=y;    i_z=z;
}
Point::~ Point（）//Point 类的析构函数的实现
{
    cout<<" 调用内嵌类析构函数！ \n";
}
int Point::getx（）{    return i_x;    }//Point 类的 getx（）成员函数的实现
int Point::gety（）{    return i_y;    }//Point 类的 gety（）成员函数的实现
int Point::getz（）{    return i_z;    }//Point 类的 getz（）成员函数的实现
class Line // 组合类 Line 的定义
{
private:
    Point v_start; //Line 类中的数据成员 v_start 是 Point 类定义的对象
    Point v_end; //Line 类中的数据成员 v_end 是 Point 类定义的对象
public:
```

```
Line（Point start, Point end）:v_start（start）,v_end（end）//组合类有参构造函数
{
        cout<<" 调用组合类有参构造函数 :\n";
}
 Line（）//组合类无参构造函数
{
        cout<<" 调用组合类无参构造函数 :\n";
}
 ~Line（）//组合类析构函数
{
        cout<<" 调用组合类析构函数！ \n";
}
    double getlenth（）;
};
double Line::getlenth（）//组合类 Line 的 getlenth（）成员函数的实现
{
    double x,y,z,length;
    x=v_start.getx（）–v_end.getx（）;
    y=v_start.gety（）–v_end.gety（）;
    z=v_start.getz（）–v_end.getz（）;
    length=sqrt（x*x+y*y+z*z）;
    return length;
}
void main（）//主函数应用
{
    Line line1；//定义组合类对象 line1，调用无参构造函数（自动调用两次 Point
类无参构造函数对 Line 两点对象初始化）
    cout<<"the length of line1:"<<line1.getlenth（）<<endl;
    Point first（1,2,3）,second（5,6,7）;
    Line line2（first,second）；//定义组合类对象 line2，调用有参构造函数（自动
调用两次 Point 类有参构造函数对 Line 两点对象初始化）
    cout<<"the length of line2:"<<line2.getlenth（）<<endl;
}
```
程序运行结果样例:

说明：

①组合类创建对象时，各个内嵌对象首先被自动创建，因此既要对本类的基本类型数据成员进行初始化，又要对内嵌对象成员进行初始化，内嵌对象成员初始化通过调用内嵌对象构造函数完成。

②若创建的是无参对象，先调用内嵌对象无参构造函数，再调用本类对象无参构造函数。

③若创建的是有参对象，先调用内嵌对象有参构造函数，再调用本类对象有参构造函数。

④组合类的有参构造函数设计形式为：

类名∷类名（内嵌对象成员所需的形参，本类成员形参）：对象1（参数），对象2（参数），......

{ 本类初始化 }

⑤析构函数的调用执行顺序与构造函数刚好相反，即本类对象析构函数的函数体被执行完后，内嵌对象的析构函数被一一执行，这些内嵌对象的析构函数调用顺序与它们在组合类的定义中出现的顺序刚好相反。

3.2　编程实验 1

3.2.1　实验目的

①理解简单类的定义、说明与使用。
②理解类中不同属性数据成员的访问特点。
③理解构造函数的作用。

3.2.2　实验任务

1.分析完善程序：设计一个矩形类 Rectangle，其数据成员有长 length 与宽 breadth，成员函数包括计算面积函数 area（）与设置数据成员值函数 set（），现要求：

①在主函数中使用 Rectangle 定义一个目的对象 rec，通过 set（）函数对其数据成员赋值，并使用 area（）函数计算输出其面积。

②回答程序注释部分的思考题。

③ Rectangle 自定义数据类型的字节大小是多大？主函数用 sizeof（）函数验证。

```
#include <iostream>
using namespace std;
class Rectangle
{
private:
    int length;  //表示矩形的长
    int breadth;  //表示矩形宽
public:
    void area（）//函数功能：计算矩形的面积
    {
        cout << length*breadth << endl;
    }
    void set（）//函数功能：设置矩形的长与宽
    {
        cin >> length;
        cin >> breadth;
    }
};
int main（）
{
    Rectangle rec;  //思考：此处 rec 对象有没有调用构造函数对其初始化赋值？
```

length 与 breadth 的初始值分别是多少?

```
        cout << " 请输入长、宽: " << endl;
        _____; // 要求: rec 对象通过 set ( ) 函数对其数据成员赋值。
        cout << " 所求矩形的面积为: ";
        _____; // 要求: rec 对象通过 area ( ) 函数计算输出其面积。
        cout<<" Rectangle 类型的字节大小: "<<sizeof ( Rectangle ) <<" Rectangle 类型
定义的一个实例对象 rec 的字节大小: " << sizeof ( rec ) ;
        return 0;
}
```

2. 分析完善程序,设计一个二维 Point 点类,其属性为 x 轴坐标与 y 轴坐标,显示输出点坐标。完整以下 Point 类的定义与实现。要求:

①在空白处按注释提示要求补充完整程序。

②主函数中用 Point 类定义三个对象,分别调用无参、有参、复制构造函数对其初始化,并输出三个对象的成员信息。

```
#include<iostream>
using namespace std;
class Point
{
    private:
        int i_x; // 表示点的 x 轴坐标
        int i_y; // 表示点的 y 轴坐标
    public:
        Point ( ) ; // 无参构造
        Point ( int x,int y ) ; // 有参构造
        Point ( Point &pt ) ; // 复制构造
        int getx ( ) ; // 函数结果为 i_x
        int gety ( ) ; // 函数结果为 i_y
        void show ( ) ; // 函数功能: 输出数据成员
}_____ // 要求: 补充完整类的定义结构!
Point:: Point ( )
{ _____ }// 要求: 补充完整有无构造函数的实现!
Point:: Point ( int x, int y )
{ _____ }// 要求: 补充完整有参构造函数的实现!
Point::Point ( Point &pt )
{ _____ }// 要求: 补充完整复制构造函数的实现!
int Point::getx ( )
```

{ ＿＿＿＿＿＿＿＿＿＿＿＿ }//要求：补充完整成员函数 getx（）的实现！

int Point::gety（）

{ ＿＿＿＿＿＿＿＿＿＿＿＿ }//要求：补充完整成员函数 gety（）的实现！

void Point::show（）

{

　　＿＿＿＿＿＿＿＿＿＿＿＿ //要求：补充完整成员函数 show（）的实现！

}

int main（）

{

　　……

}

3. 分析完善程序，补充完整以下 Time 类的说明，要求：

①增加 Time 类的无参构造函数、有参构造函数、复制构造函数、析构函数的说明。

②按注释要求类外实现三个成员函数。

③按注释要求完成主函数功能。

```
#include<iostream>
using namespace std;
class Time
{
private: // 私有访问属性
        int hour;
        int minute;
        int second;
public: // 公有访问属性
        _____ // 无参构造函数
        _____ // 有参构造函数
        _____ // 复制构造函数
        _____ // 析构函数
    void setTime( int h,int m,int s); //通过形参给本类数据成员 hour、minute、second 赋值,
请在类外补充代码!
    void showTime_1(); //输出时间,建议:以 12 小时计,分上午(AM)、下午(PM),
请在类外补充代码!
    void showTime_2(); // 输出时间,建议:以 24 小时计,请在类外补充代码!
};
int main()
```

{

//定义变量,输入数据,创建3个Time对象,分别使用无参构造函数、有参构造函数、复制构造函数进行初始化

··················

cout << " 你想要获取当前电脑时间吗?(Y/N)";

ch = getchar（）; //输入的字符

if（ch == 'Y'）

{// 上网查询获取方法，获取当前电脑时间，赋值给已创建的任意一个 Time 对象

// 分 12 小时和 24 小时两种方式输出当前电脑时间

}

return 0;

}

4.编写程序。定义一个 Circle 类,有数据成员 radius（半径）,成员函数 getArea（）,计算元的面积,构造一个 Circle 的对象进行测试。

5.声明一个 CPU 类,包含等级（rank）、频率（frequency）、电压（voltage）等属性,有两个公有成员函数 run、stop。其中 rank 为枚举类型 CPU_Rank,声明为 enum CPU_Rank={P1=1,P2,P3,P4,P5,P6,P7},frequency 为单位是 MHz 的整型数,voltage 为浮点型的电压值,声明并实现这个类,输出一个 CPU 类对象的所有成员值。

3.2.3 实验步骤

①新建一个空的工程项目 lab_3,向其中添加一个 C++ 源文件 first.cpp（方法见实验 1）,输入实验任务中第 1 题的代码,检查无误后编译运行源程序,观察输出结果并回答思考题。

②完成第 1 题后,在工程项目 lab_3 中添加第二个 C++ 源文件 second.cpp（此前先将 first.cpp 中的主函数部分注释掉,以保证一个工程项目中只有一个主函数）,输入实验任务中第 2 题的代码,检查无误后编译运行源程序,观察输出结果并回答思考题。

③按以上步骤依次完成实验任务,观察输出结果并回答思考题。

3.2.4 分析与讨论

1.声明一个类时需要注意和考虑的问题有哪些?

2.构造函数是否可以写为重载函数? 其书写格式特点是什么?

3.简述析构函数的作用和书写特点。

4.简述类中 private、protected、public 三种访问属性的区别。

5.简述有参构造函数、无参构造函数、复制构造函数的书写区别与调用区别。

3.3 编程实验 2

3.3.1 实验目的

①深入理解简单类的定义、说明与使用。
②深入理解类中不同属性数据成员的访问特点。
③深入理解构造函数、析构函数的作用。

3.3.2 实验任务

1.阅读分析、完善程序。下面是一个计算器类的 coutner 定义，现要求：
①完善其功能，按要求补充其成员函数的类外实现。
②主函数中定义三个对象，分别调用其无参、有参、复制构造函数初始化，并对各对象的数据成员值分别做加 2、减 2、显示输出等操作。
③使用 sizeof（）函数计算 coutner 类型的字节数并输出。
④思考并实验验证：若程序中注释掉复制构造函数 coutner（coutner &r），是否还可以实现用一个对象初始化赋值另一对象？为什么？

```
#include <iostream>
using namespace std;
class coutner
{
public:
    coutner（int number）;              // 有参构造函数
    coutner（）; // 无参构造函数
    coutner（coutner &r）;              // 复制参构造函数
    void increment（）;                 // 给 value 原值加 2
    void decrement（）;                 // 给 value 原值减 2
    int getvalue（）;                   // 取得计数器值
    int print（）;                      // 显示计数
private:
    int value;                        // 数据成员
};
int main（）
{
    …… // 按要求完善主函数
    return 0;
}
```

2.阅读分析、完善程序。下面是一个学生类 student 的定义，数据成员包括一个代表姓名字符个数的整型变量和一个代表姓名的字符串指针变量，现要求：

①思考并实验验证程序，若注释掉复制构造函数 student（student &C），是否还可以实现一个用对象初始化赋值另一对象？为什么？根据无参构造函数的实现方法，完善其有参构造函数、复制构造函数的实现。

②主函数中添加语句，使用 sizeof（）函数计算 student 类型的字节数并输出。

③思考并查阅资料回答：深复制与浅复制的概念分别是什么？它们之间的区别是什么？为什么深复制一定要有自定义的复制构造函数？

```
#include <iostream>
using namespace std;
#pragma warning（disable:4996）
class student
{
private:
    int a;  //学号
    char* str;  //姓名
public:
    student（int b, char* cstr）//有参构造函数
    {
        cout<<" 有参构造函数：学号及姓名 \n";
    a = b;
    str = new char［b］;  // new 为动态申请内存运算，其返回值为指针（地址）
    strcpy（str, cstr）;
    }
    student（）//无参构造函数
    {
cout<<" 无参构造函数：学号及姓名 \n";
    cin>>a;
getchar（）;
    str = new char［10］;
    cin >> str;
    }

    student（const student& C）//思考1：此处复制参构造函数是否可以注释掉？当
一个对象赋值给另外一个对象时是否采用系统默认的构造函数？
    {
```

```
        cout<<" 复制构造函数：学号及姓名 \n";
        a = C.a;
        str = new char [10];
        strcpy (str, C.str);
    }
    char* getStr ()
    {
        return str;
    }
    void Show_1 () { cout << " 输出： " << str << endl; }
    void Show_2 () { cout << " 输出： " << getStr () << endl; }    //思考 2：Show_2 ()
函数是否可以和 Show_1 () 函数输出相同内容？ Show_2 () 函数是否可以调用 getStr ()
函数？
    ~student () { delete str; }    //思考 3：此处不调用析构函数是否可行?

};
int main ()
{
    student c;  //定义一个无参对象 c
    c.Show_1 ();
    char string [10];
    cin >> string;
    student c2 (2, string);  //定义一个有参对象 c2
    c2.Show_2 ();
    student c3 (c2);  //定义一个对象 c3，用 c2 对象初始化
    cout << "The output is " << c3.getStr () << endl;
    _____;  //输出 student 类型的字节数
    return 0;
}
```

3. 阅读分析、完善程序。以下是一个复数类 complex 的说明，使其具备两复数的相加、相减、相乘、相除功能，现要求：

①补充完善类中的各成员函数实现。

②主函数完善功能，使其可以创建对象并根据操作提示完成对象间的运算。

```
class complex {
protected:
    float a, b;
```

```cpp
public:
    void add（complex x）
    {    }// 补充代码，完成两复数相加的函数功能
    void sub（complex x）
    {    }// 补充代码，完成两复数相减的函数功能
    void mul（complex x）
    {    }// 补充代码，完成两复数相乘的函数功能
    void div（complex x）
    {    }// 补充代码，完成两复数相除的函数功能
    void input（float x, float y）
    {    }// 补充代码，完成通过形参给类中数据成员 a, b 赋值的函数功能
};
int main（）{
// 定义变量，输入数据，创建两个或多个 complex 对象创建
……………
cout << "if you want to operat them? Please select（'+'，'-'，'*'，'/'）:\n";
ch = getchar（）；// 输入的字符
switch（ch）// 利用多分支结构完成两个或多个 complex 对象的运算
{
    ……………
}
return 0；
}
```

4. 阅读分析、完善程序。下面是一个绘图类的定义，类中的 draw（）函数可以完成如后图例所示的三角形图形输出。现要求：

① 补充完善程序，使类具有输出多种图形功能，如正方形、菱形等。

② 主函数定义绘图类对象，能有选择地完成不同图形输出。

```cpp
#include <iostream>
using namespace std;
class Graph {
    public:
        Graph（char ch, int n）；// 构造函数
        void draw（）；// 三角形画图函数
        void draw2（）；// 正方形画图函数，请类外补充代码！
        void draw3（）；// 菱形画图函数，请类外补充代码！
        ~Graph（）；// 析构函数
```

```
    private:
        char symbol;  // 显示字符为 symbol 的指定图形样式
        int size;  // 绘制 size 行
};
Graph::Graph（char ch, int n）: symbol（ch）, size（n）// 采用初始化参数化列表方式
{}
Graph::~Graph（）{}
void Graph::draw（）// 三角形画图函数
{
    int i, j;
    for（i = 0；i <size；i++）// 输出的行数
    {
        for（j = 0；j<size-i；j++）// 每行的空格显示
            cout<<' ';
        for（j = 2*（size - j）-1；j > 0；j--）// 每行的字符显示
            cout<< symbol;
        cout << endl;
    }
}
void main（）{
    Graph first（'*',10）；// 初始化对象
    first.draw（）；// 输出三角形
    ………………………………………… // 注意：以自己的方式实现能选择完成不同图形
输出
}
```

输出三角形样例：

5.阅读分析、完善程序。定义 Teacher 类，完善其功能，主函数自由设计交互功能，

完成类对象的定义与信息输出。

class Teacher{

数据:

名字;

年龄;

成员函数:

自定义构造函数;

自定义析构函数;

其他成员函数

};

3.3.3 实验步骤

①新建一个空的工程项目 lab_4,向其中添加一个 C++ 源文件 first.cpp(方法见实验 1),输入实验任务中第 1 题的代码,检查无误后编译运行源程序,观察输出结果并回答思考题。

②完成第 1 题后,在工程项目 lab_4 中添加第二个 C++ 源文件 second.cpp(此前先将 first.cpp 中的主函数部分注释掉,以保证一个工程项目中只有一个主函数),输入实验任务中第 2 题的代码,检查无误后编译运行源程序,观察输出结果并回答思考题。

③按以上步骤依次完成实验任务,观察输出结果并回答思考题。

3.3.4 分析与讨论

1. 构造函数和析构函数是对象自动调用的函数吗?

2. 如果类中不写自定义的构造函数与析构函数,系统会为类生成默认的构造函数和析构函数吗?系统默认的构造函数和析构函数有代码(具体的功能实现)吗?

3. 复制构造函数的作用是什么?什么情况下必须写自定义的复制构造函数?

4. 自己的实验总结、心得有哪些?

3.4 编程实验 3

3.4.1 实验目的

①深入理解简单类的定义、说明与使用。

②深入理解类中不同属性数据成员的访问特点。

③深入理解构造函数、析构函数的作用。

④理解组合类的定义与使用。

3.4.2 实验任务

1. 阅读分析、完善程序。下面是一个人员管理组合类 people，类中有 date 类定义的对象。现要求：

①补充完善组合类 people 中的成员函数实现。

②主函数定义 people 类对象 first，first 对象调用有参构造函数完成初始化，并调用 show（）函数输出所有成员信息。

```
#include <iostream>
#include <string>
using namespace std；
class date
{
private：
    int m_iyear, m_imonth, m_iday；
public：
    date（int year=0,int month=0,int day=0）
    {       m_iyear=year；        m_imonth=month；        m_iday=day；     }
    void show_1（）
    { cout<<m_iyear<<" 年 "<<m_imonth<<" 月 "<<m_iday<<" 日 "<<endl； }
};
class people
{
private：
    int m_inum；
    string m_name；
    date m_birthday；
public：
    people（int num, string name,date birthday）；  // 类外完善：构造函数
    void show_2（）；  // 类外完善：输出函数
};
int main（）{
    date birthday1；
    _____；  // 用 pepole 类定义对象 first，使用有参构造函数对其初始化
    _____；  // 对象 first 调用 show（）函数输出所有信息
return 0；
```

```
}


    2.阅读分析、完善程序。下面是一个线段组合类 Line，类中的有 point 类定义的对象。
现要求：
    ①补充完善组合类 Line 类中的成员函数实现。
    ②主函数定义 Line 类对象，观察创建对象时构造函数的调用顺序。
    ③主函数定义 Line 类对象，实现求线段对象长度、线段平移、一点到该线段最短
距离等功能。
    #include <iostream>
    #include <cmath>
    using namespace std;
    class point
    {
    private:
        int i_x,i_y,i_z;
    public:
        point（ ）；  // 无参构造函数
        point（int x, int y, int z）；  // 有参构造函数
        ~point（ ）；
        int getx（ ）；
        int gety（ ）；
        int getz（ ）；
    };
    point::point（ ）
    {
        cout << " 调用内嵌类无参构造函数，输入点坐标 :\n";
        cin >> i_x >> i_y >> i_z;
    }
    point::point（int x, int y, int z）
    {
        cout << " 调用内嵌类有参构造函数 \n";
        i_x = x;        i_y = y;  i_z = z;
    }
    point::~point（ ）
    {
        cout << " 调用内嵌类析构函数！ \n";
```

```
    }
    int point::getx ( ) { return i_x; }
    int point::gety ( ) { return i_y; }
    int point::getz ( ) { return i_z; }
    class Line // 补充完善组合类中成员函数
    {
    private:
        point v_start; // 线段起点
        point v_end; // 线段终点
        double length; // 两点间距离
    public:
        Line ( point start, point end ); // 有参构造
        Line ( ); // 无参构造
        ~Line ( ); // 析构
        void calLength ( ); // 计算两点间的距离
        double getLength ( ); // 输出两点间的距离
        void move ( point start, point end ); // 移动起点 v_start、终点 v_end 至点 start、
end
        double short_len ( point third ); // 计算一点到该线段的最短距离
    };
    int main ( )
    {
        cout << " 定义一个线段类对象 line1,调用无参构造函数 \n";
        _____; // 补充完善
        _____; // 输出线段对象 line1 的 length
        cout << " 定义一个线段类对象 line2,调用有参构造函数 \n";
        _____; // 补充完善
        _____; // 输出线段对象 line2 的 length
        point first ( 1, 2, 3 ), second ( 5, 6, 7 );
        _____; // 补充完善,移动线段 line2 起点终点至 first( 1, 2, 3 ),
second ( 5, 6, 7 )
        _____; // 补充完善,计算点 ( 12,34,15 ) 至线段 line2 的最
短距离
        return 0;
    }
```

提示：求空间中一个点到一条直线的距离可采用三角函数的关系，如下图所示，C 为空间中的一点，距线段 AB 的计算，由：

$$\frac{|\overrightarrow{AB} \times \overrightarrow{AC}|}{2} = \frac{|\overrightarrow{AB}| \cdot |\overrightarrow{AC}| \sin <\overrightarrow{AB},\overrightarrow{AC}>}{2} = \frac{|\overrightarrow{AC}| \sin A \cdot |\overrightarrow{AB}|}{2} = \frac{h \cdot |\overrightarrow{AB}|}{2} = S_{\Delta ABC}$$，得：

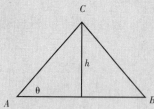

$$h = \frac{2S_{\Delta ABC}}{|\overrightarrow{AB}|} = |\overrightarrow{AC}| \sin A$$

又：$\cos A = \dfrac{\overrightarrow{AB} \cdot \overrightarrow{AC}}{|\overrightarrow{AB}| \cdot |\overrightarrow{AC}|}$，$\sin A = \sqrt{(1 - \cos A)^2}$

① 因为我们已知 A、B、C 三点，于是我们根据两点间距离公式很容易求得 $|\overrightarrow{AB}|$ 和 $|\overrightarrow{AC}|$；

② 根据点乘公式和 $\cos A = \dfrac{\overrightarrow{AB} \cdot \overrightarrow{AC}}{|\overrightarrow{AB}| \cdot |\overrightarrow{AC}|}$，我们又很容易求得 $\cos A$；

③ 根据 $\sin A = \sqrt{(1 - \cos A)^2}$，我们可以得到 $\sin A$；

④ 于是我们最终得到：$h = |\overrightarrow{AC}| \sin A$。

3. 声明一个成绩类 exam，有私有数据成员课程名称（name），记分方式（mode），成绩（grade,pass,percent），其中 name 为字符串类型；mode 为枚举类型 MODE，声明为 enum MODE={GRADE=1,PASS,PERCENTAGE}；（grade,pass,percent）为共用体类型，声明为 union MARK{char grade; bool pass; int percent}；成员函数有构造函数、输出成绩函数。

现要求：

①补充完善 exam 类中的成员函数实现。

②主函数中设计选择交互界面，以三种记分方式输出成绩；

③思考：类中的数据成员类型除了基本类型外，可否有其他数据类型？如指针、结构体、共用体、枚举、数组、链表……

④主函数输出 exam 类型中各数据成员的字节大小，以及 exam 的字节大小，分析枚举、共用体、结构体以及类类型数据的特点。

```cpp
#include <iostream>
#include <string>
using namespace std;
class exam {
public:
    string name; // 字符串类型的数据成员
    enum MODE { GRADE = 1, PASS, PERCENTAGE }mode; // 枚举类型的数据成员
    union { // 共用体数据成员
```

```
            char grade;
            bool pass;
            int percent;
        }a;
    public:
        exam（string name, char grade）; // 重载构造函数 1，形参 grade 对共用体变量
的 a.grade 成员赋值，枚举变量 mode 的值为 GRADE
        exam（string name, bool pass）// 重载构造函数 2，形参 pass 对共用体变量的 a.
pass 成员赋值，枚举变量 mode 的值为 PASS
        exam( string name, int percent )// 重载构造函数 3，形参 percent 对共用体变量的 a.
percent 成员赋值，枚举变量 mode 的值为 PERCENTAGE
        void show（）;
    };
    int main（）
    {
        _____; // 定义三个对象分别用不同的构造函数初始化
        _____; // 显示输出三个对象的信息
        _____; //exam 类型中各数据成员的字节大小，以及 exam 的字
节大小
        return 0;
    }
```

4. 编写程序：设计一个用于人事管理的"人员"类，其中的人员"出生日期"声明为一个"日期"类内嵌子对象。现要求：

①定义日期类 date。

②定义组合类、人员管理类 pepole。

③主函数中定义目的对象，观察本类对象构造函数、内嵌对象构造函数的调用顺序，本类对象析构函数、内嵌对象析构函数的调用顺序。

3.4.3 实验步骤

①新建一个空的工程项目 lab_5，向其中添加一个 C++ 源文件 first.cpp（方法见实验 1），输入实验任务中第 1 题的代码，检查无误后编译运行源程序，观察输出结果并回答思考题。

②完成第 1 题后，在工程项目 lab_5 中添加第二个 C++ 源文件 second.cpp（此前先将 first.cpp 中的主函数部分注释掉，以保证一个工程项目中只有一个主函数），输入实验任务中第 2 题的代码，检查无误后编译运行源程序，观察输出结果并回答思考题。

③按以上步骤依次完成实验任务，观察输出结果并回答思考题。

3.3.4　分析与讨论

1. 举例说明组合类的概念。

2. 组合类有参构造函数的书写方式是什么？

3. 组合类构造函数与析构函数的调用顺序是什么？

4. 自己的实验总结、心得有哪些？

3.5　习　题

一、选择题

1.（单选题）下列有关类的说法不正确的是（　　　）。

　　A. 对象是类的一个实例

　　B. 任何一个对象只能属于一个具体的类

　　C. 一个类只能有一个对象

　　D. 类与对象的关系和数据类型与变量的关系相似

2（多选题）以下关于构造函数描述正确的是（　　　）。

　　A. 构造函数在对象实例化时，被自动调用

　　B. 程序运行时构造函数是对象调用的第一个函数

　　C. 实例化对象时仅用到一个构造函数

　　D. 当用户没有定义构造函数时，编译器自动生成一个构造函数

3（多选题）以下关于构造函数描述正确的是（　　　）。

　　A. 不与类同名，但是完成对数据的赋值也是构造函数

　　B. 构造函数无返回值（void 都不用写）

　　C. 构造函数可以有多个重载形式

　　D. 构造函数不能有参数

4.（单选题）以下拷贝（复制）构造函数的作用是（　　　）。

　　A. 进行数据类型的转换

　　B. 用对象调用成员函数

　　C. 用对象初始化对象

　　D. 用一般类型的数据初始化对象

5（多选题）以下关于析构函数描述正确的是（　　　）。

　　A. 析构函数没有返回值和参数列表

　　B. 析构函数不能重载

　　C. 析构函数由系统自动调用，不能显式调用

　　D. 析构函数应该设置为类的公有成员

6.（多选题）以下关于析构函数描述正确的是（　　　）。

    A. 每个类有应该有一个析构函数，如果没有显式定义，那么系统会自动生成一个默认的析构函数

    B. 析构函数不可以是 inline 函数

    C. 析构函数是构造函数的互补

    D. 在动态建立对象时用 new 开辟了一片内存空间，delete 会自动调用析构函数后释放

7.（多选题）以下关于类的组合描述正确的是（　　　）。

    A. 在一个类中内嵌另一个类的对象作为数据成员，称为类的组合

    B. 当创建类的对象时，如果这个类具有内嵌的对象成员，那么内嵌对象成员也将被自动创建

    C. 在创建对象时既要对本类的基本数据成员初始化，又要对内嵌的对象成员进行初始化；其中内嵌的对象成员需要利用构造函数成员初始化列表进行初始化

    D. 在创建对象时，先按各内嵌对象成员在类中声明中的顺序依次调用它们的构造函数，对这些对象初始化；再执行本类的构造函数体，初始化本类中的其他成员

二、填空题

1. 类定义的关键字是_____。

2. 类的访问限定符包括_____、_____、_____。

3. 类的数据成员通常指定为_____成员。

4. 类的函数成员通常指定为_____成员，指定为公有的成员可以在类对象所在域中的任何位置访问它们。

5. 类的_____和_____成员只能被该类的成员函数或友元函数访问。

6. 类成员默认的访问方式是_____，访问限定符在类中_____（有 / 无）先后次序，各限定符_____（允许 / 不允许）多次出现。

7. 题目：定义一个 Point 类表示平面上的一个点。

思考：平面内的点有哪些数据特性？抽象出的数据成员？

_____Point {

private:

        double xCoord;　// 添加数据成员表示 x 轴坐标

        double yCoord　// 添加数据成员表示 y 轴坐标

public:

double getxCoord（）{

        _____}

double getyCoord（）{

```
            _____}
};
```

8. 补充完整以下 Time 类的说明。

```
class Time
{
        _____ //私有访问属性
                int hour;
                int minute;
                int second;
        _____ //公有访问属性
                void setTime（int h,int m,int s）;
                void showTime（）;
};
void _____ setTime（int h,int m,int s）{ //函数类外说明
    hour=h; _____ ; _____ ;
}
void _____ showTime（）{ //函数类外说明
        cout<<hour<<':'<<minute<<':'<<second;
}
void main（）
{
        _____ ; // 定义 first 对象
    first.setTime（11,34,47）;
        _____ ; // 输出 first 对象时间
}
```

三、主观题

1. 判断以下程序是否正确？若不正确，应如何修改？

```
class student
{
public:
    void input（）
                {......}
private:
    int stunum=0;
};
```

2. 求两个正整数 a 和 b 的最大公约数。要求使用 C++ class 编写程序。

3. 寻找并输出 11~999 的数 m，它满足 m、m^2 和 m^3 均为回文数。要求使用 C++ class 编写程序。

4. 定义 Teacher 类。

数据：

名字；

年龄；

成员函数：

自定义无参数构造函数；

自定义有参数构造函数；

......

数据成员的封装函数

4 数据的共享与保护

[知识点]

全局变量与局部变量的定义与区别，全局对象与局部对象的定义与区别；静态变量的特点与使用，类中静态成员的定义、初始化与使用；友元函数的定义与使用；常数据、常成员函数、常对象的概念与使用。

[重点]

理解全局变量与局部变量、静态对象与动态对象的概念与区别，掌握类中静态数据成员与成员函数的声明与使用；理解常成员函数与普通成员函数的区别；掌握友元函数的定义与使用。

[难点]

对象的生存期；类中静态数据成员与成员函数的声明与使用；类的友元函数使用。

[基本要求]

识记：静态对象、数据的定义与初始化；常变量的定义与初始化。

领会：友元函数的定义与使用。

简单应用：编写简单的类与对象程序，熟悉类的定义、实现、使用。

综合应用：编写组合类，实现具有一定功能的类与对象的程序设计。

4.1 内容提要

4.1.1 标识符的作用域与可见性

思考：

①什么是作用域？它的可见性是什么？

②以前学过的作用域有哪些？

③类作用域是什么？

1. 作用域

作用域是一个标识符在程序正文中有效的区域。如：

（1）函数原型作用域

double Area（double radius）； //radius 的作用域仅在于此，不能用于程序正文其他

地方

（2）全局与局部作用域

在被调用函数内赋值的变量，处于该函数的"局部作用域"。在所有函数之外赋值的变量，属于"全局作用域"，如：

```
#include<iostream.h>
int i;   // 文件作用域（全局）
int main（）
{   i=5;
    { int i;   // 块作用域（局部）
      i=7;
      cout<<"i="<<i<<endl;
    }
    cout<<"i="<<i;
    return 0;
}
```

（3）类作用域

类中的成员函数可以无条件访问类中的数据成员。如：

```
class Time
{
    private:
            int hour;        // 数据成员
            int minute;      // 数据成员
            int second;      // 数据成员
    public:
            void showTime（）// 成员函数
            { cout<<hour<<':'<<minute<<':'<<second<<endl；}
};
```

（4）命名空间作用域

C++标准程序库所有表示符都被声明在 std 命名空间，在命名空间内部可以直接引用当前命名空间中声明的标识符。

定义命名空间：namespace std；

使用命名空间：using namespace std；

例如：

```
#include<iostream>
using namespace std;
int main（）
```

```
{
    cout<<"hello everyone"<<endl;   //优先去 std 中查找 cout
}
```

程序输出：

hello everyone

2. 可见性

程序运行到某一点，能够引用到的标识符，就是该处可见的标识符。 如：

```
#include<iostream>
using namespace std;
int i;
int main（ ）
{   i=5;
    { int i;
       i=7;
       cout<<"i="<<i<<endl;   //此处的 i 为局部变量
    }
    cout<<"i="<<i<<endl;   //此处的 i 为全局变量
    return 0;
}
```

程序输出：

i=7

i=5

4.1.2　对象的生存期

思考：

①什么是生存期?

②什么是静态生存期和动态生存期?

③什么是对象的生存期?

1. 生存期

生存期，是指从对象分配到内存开始，到垃圾回收器从内存中删除对象结束这一段时间，即对象的存在时间。

2. 静态生存期

如果某一个对象的生存期和程序的运行的生存期一样，则这个对象具有静态生存期。变量或对象如果是全局的和局部的前面有 static 修饰的都是静态生存期。

注意:

静态变量或对象第一次赋值有效, 也只能赋一次值!

3. 动态生存期

局部生存期对象开始于声明点, 结束于声明所在块执行完毕时。

举例: 具有静态和动态生存期的时钟程序。

```cpp
#include<iostream>
using namespace std;
class clock
{
private:
    int m_hour,m_minute,m_second;
public:
    clock ( ) :m_hour ( 0 ) ,m_minute ( 0 ) ,m_second ( 0 ) {}
    void setTime ( int hour,int minute,int second ) ;
    void showTime ( ) ;
};
void clock::setTime ( int hour,int minute,int second )
{
    m_hour=hour;
    m_minute=minute;
    m_second=second;
}
void clock::showTime ( )
{
    cout<<m_hour<<":"<<m_minute<<":"<<m_second;
}
clock globclock;  // 声明静态对象 globClock
void main ( )
{
    clock nowtime;  // 声明动态对象 nowtime
    nowtime.setTime ( 8,30,30 ) ;
    globclock.showTime ( ) ;
    nowtime.showTime ( ) ;
}
```

程序输出:

0:0:0

8:30:30

4.1.3 类的静态成员

思考：

①类的成员有哪些？

②类的静态成员有哪些？

③静态数据成员的作用域是什么？

④静态成员函数的作用域是什么？

1. 静态数据成员

用关键字 static 声明的数据成员，其生存期为静态生存期。

注意：

①普通成员变量每个对象有各自的一份，而静态成员变量只有一份，被所有同类对象共享，即该类的所有对象维护该成员的同一个拷贝，必须在类外初始化，用（::）来指明所属的类。

②使用 sizeof 运算符计算对象所占用的存储空间时，不会将静态成员变量计算在内。例如对于下面的 Point 类来说，sizeof（Point）的值是 8。

③访问普通数据成员时，要通过对象名.成员名等方式，指明要访问的成员变量是属于哪个对象的，但是访问静态成员时，则可以通过类名::成员名的方式访问，不需要指明被访问的成员属于哪个对象或作用于哪个对象。

④静态成员变量本质上是全局变量。一个类，哪怕一个对象都不存在，其静态成员变量也存在。

⑤静态成员在类内声明，类外定义（申请内存空间）及初始化。

举例：定义一个具有静态数据成员（ countP ）的 Point 类。

```cpp
#include<iostream>
using namespace std;
class Point
{private:
    int X,Y;
    static int countP;  // 静态数据成员，类内声明
public:
    Point（int xx=0, int yy=0）
    {    X=xx;       Y=yy;            countP++; }
```

```
Point（Point &p）
{     X=p.X；      Y=p.Y；      countP++；}
void GetC（  ）{cout<<"Object id="<<countP<<endl；}
};
int Point::countP=0；// 类外定义，初始化
void main（  ）
{
   Point A（4,5）；//A 对象的数据成员 countP 的值 1
   A.GetC（  ）；
   Point B（A）；  //B 对象的数据成员 countP 的值 2
   B.GetC（  ）；
}
```
程序输出：

Object id=1

Object id=2

2. 静态成员函数

静态成员函数就是在声明时前面加了 static 关键字的成员函数。

注意：

①普通成员函数一定是作用在某个对象上的，而静态成员函数并不具体作用在某个对象上。

②访问普通成员函数时，要通过对象名.成员函数（ ）等方式，指明要调用的成员函数作用于哪个对象，访问静态成员时，则通过类名::成员名的方式访问，不需要指明被访问的成员属于哪个对象或作用于哪个对象。

③静态成员函数并不需要作用在某个具体的对象上，因此本质上是全局函数。

④静态成员函数只能直接访问属于该类的静态数据成员或静态成员函数。

⑤访问非静态数据成员必须通过参数传递方式得到对象名，然后通过对象名来访问。

说明：设置静态成员的目的，是为了将和某些类紧密相关的全局变量和全局函数写到类里面，形式上成为一个整体。

举例：定义一个具有静态数据成员和成员函数的 CRectangle 类，需要随时知道矩形总数和总面积；因此用全局变量记录这两个变量。

```
#include <iostream>
using namespace std;
class CRectangle
```

```
    {
    private:
        int w, h;
        static int totalArea;    // 矩形总面积
        static int totalNumber;   // 矩形总数
    public:
        CRectangle（int wide, int high）;
        ~CRectangle（）;
        static void PrintTotal（）;
    };
    CRectangle::CRectangle（int wide, int high）
    {
        w = wide;  h = high;
        totalNumber++;  // 有对象生成则增加总数
        totalArea += w * h;  // 有对象生成则增加总面积
    }
    CRectangle::~CRectangle（）
    {
        totalNumber--;  // 有对象释放则减少总数
        totalArea -= w*h;  // 有对象释放则减少总面积
    }
    void CRectangle::PrintTotal（）
    {
        cout << totalNumber << "," << totalArea << endl;
    }
    int CRectangle::totalNumber = 0;  // 静态数据成员类外初始化
    int CRectangle::totalArea = 0;  // 静态数据成员类外初始化
    int main（）
    {
        CRectangle r1（5,6）, r2（4,3）;
        //cout << CRectangle::totalNumber;  // 错误，totalNumber 是 private，类外不能直
接使用
        CRectangle::PrintTotal（）;  //public 静态成员函数通过类名及作用域标识符
调用
        r1.PrintTotal（）;  //public 普通成员函数类外通过对象调用，间接访问 private
静态数据 totalNumber
```

```
        return 0；
}
```

程序输出：

2,42

2,42

对象成员有 static 修饰的就是静态生存期，其他的都是动态。

举例：定义一个时间类 Time，类中包括 3 个整型数据成员（分别代表小时 hour、分钟 minute、秒 second，访问属性为 private）和两个成员函数（访问属性为 public），要求两个成员函数分别操作数据成员，完成时间的设置和显示功能。

```
#include<iostream>
using namespace std；
class Time
{
        private:
                int hour,minute,second；
        public:
                void setTime（int h,int m,int s）；
                void showTime（）；
}；// 注意：定义一个类时，分号不可省！
void Time::setTime（int h,int m,int s）
{
    hour=（h>=0&&h<24）?h:0；
    minute=（m>=0&&m<60）?m:0；
    second=（s>=0&&s<60）?s:0；
}
void Time::showTime（）
{   cout<<hour<<':'<<minute<<':'<<second<<endl；}
void main（）
{
    Time EndTime；// EndTime 为 Time 类定义的对象
    EndTime.setTime（11,34,47）；// EndTime 对象调用其成员函数 setTime（）
    EndTime.showTime（）；// EndTime 对象调用其成员函数 showTime（）
}
```

4.1.4 类的友元

思考：
①什么是类的友元?
②类的友元是否属于类的成员?
③什么是友元函数?
④什么是友元类?

1. 友元函数

友元函数是在类声明中由关键字 friend 修饰说明的非成员函数，在它的函数体中能够通过对象名访问 private 和 protected 成员。

举例：

```
class Point
{
    private:
        int X,Y;
    public:
    Point（int xx=0, int yy=0）{X=xx；Y=yy；} //类内成员函数可以直接使用私有数
据，但类的非成员函数不可以
    Point（Point &pt）{X=pt.X；Y=pt.Y；} //类内成员函数可以直接通过对象使用
私有数据，但类的非成员函数不可以，友元函数除外
        ……
    friend float Distance （Point &a, Point &b）； //友元函数，不属于类的成员函数
};
float Distance（ Point& a, Point& b） //类外说明时不加类的作用域与标识符
{
        int dx=a.X-b.X；  //友元函数中允许对象直接访问私有成员
        int dy=a.Y-b.Y；
        return sqrt（dx*dx+dy*dy）；
}
int main （ ）
{
    Point p1（3.0, 5.0）, p2（4.0, 6.0）；
    float d=Distance（p1, p2）；
    cout<<"The distance is "<<d<<endl；
    return 0；
}
```

2. 友元类

若一个类为另一个类的友元，则此类的所有成员都能访问对方类的私有成员。

声明方法：将友元类名在另一个类中使用 friend 修饰说明。

友元类举例：

```
class A
{  friend class B;   //声明类 B 为类 A 的友元类
    public:
          void Display（ ）    {cout<<x<<endl；}
    private:
          int x；
};
class B
{  private:
          A a；
    public:
          void Set（int i）{a.x=i} //友元类 B 通过对象访问了类 A 的私有成员
          void Display（ ）{a.Display（ ）；}
};
```

注意：

友元关系是单向的。如果声明 B 类是 A 类的友元，B 类的成员函数就可以访问 A 类的私有和保护数据，但 A 类的成员函数却不能访问 B 类的私有、保护数据。

4.1.5   共享数据的保护

虽然数据隐藏保证了数据的安全性，但各种形式的数据共享却又不同程度地破坏了数据的安全。

对既需要共享、又需要防止改变的数据应该声明为常数据。常数据的对象必须进行初始化，初始化后其值不能再被更新。

注意：

①const 是函数类型的一个组成部分，因此在实现部分也要带 const 关键字。

②通过常对象只能调用它的常成员函数。

③常成员函数不更新对象的数据成员，也不能调用该类中没有用 const 修饰的成员函数。

④const 关键字可以被用于参与对重载函数的区分。

（1）常对象举例

```cpp
class A
{
    public:
        A（int i,int j）{x=i；y=j；}
        ......
    private:
        int x, y；
};
const A a（3,4）；  //a 是常对象，其数据成员 x,y 的值不能被再被更新
```

（2）常成员函数举例

```cpp
class R{
    public:
        R（int r1, int r2）{R1=r1；R2=r2；}
        void print（）；  // 非常成员函数
        void print（）const；  // 常成员函数，关键字 const 可作为重载函数的区别
    private:
        int R1,R2；
};
void R::print（）
{    cout<<R1<<":"<<R2<<endl；}
void R::print（）const
{    cout<<R1<<"; "<<R2<<endl；}
void main（）
{
    R a（5,4）；  // 非常对象
    a.print（）；  // 非常对象默认调用非常成员函数
    const R b（20,52）；  // 常对象
    b.print（）；  // 常对象默认调用常成员函数
}
```

4.2 编程实验

4.2.1 实验目的

①观察程序运行中变量的作用域、生存期和可见性。
②学习类的静态成员的使用。
③熟悉友元函数的使用。
④熟悉常类型数据成员。
⑤进一步掌握类与对象的编程。

4.2.2 实验任务

1.阅读分析、完善程序。下面是一个学生类的定义，类中定义了字符串数据成员、整型数据成员、浮点型数据成员及静态数据成员，现要求：
①补充完善类的成员函数，完成主函数功能测试。
②思考并验证：stu 类型的字节大小是多少？
③思考并验证：类中若注释掉复制构造函数，当一个对象赋值给另一个对象时能否完成静态数据成员的有效赋值？
④总结静态成员特点。

```
#include <iostream>
#include <string>
using namespace std;
class stu{
    private:
        string name;  // 字符串型数据，win32 控制台程序中 32 个字节
        int age;  // 整型数据，4 个字节
        float score;  // 浮点型数据，4 个字节
        static int num;  // 类内声明静态数据成员
    public:
        stu（）;  // 无参构造函数
        stu（stu& t）;  // 复制构造
        ~stu（）;  // 析构函数
        static int getnum（）;  // 注意：静态成员函数主要用于访问私有静态数据
成员
        void show（）;  // 函数作用：输出信息
};
_____;  // 补充：静态数据成员的类外定义（申请内存空间）与初始化
```

```
stu::stu（）//无参构造函数的类外实现
{   cout<<"调用无参构造函数 \n";
    cin >> name>>age>> score；//输入数据
    num++；
}
stu::stu（stu& t）
{   _____；} //补充复制构造函数的类外实现
stu::~stu（）//析构函数的类外实现
{
    num--；
    cout << "delete one stu:num=" << num << endl；
}
int stu::getnum（）
{   _____；} //静态成员函数的类外实现，函数返回值为静态成员
void stu::show（）
{   _____；} //输出函数的类外实现
int main（）
{
    stu one；//定义对象
    stu two；
    stu third（one）；
    _____；//输出静态数据成员的值
    _____；//输出 stu 的字节数
    return 0；
}
```

2. 阅读分析、完善程序。下面是一个学生类的定义，类中定义了常数据成员以及常成员函数，现要求：

①补充完善类的成员函数，完成主函数功能测试。

②实验验证：非常对象是否可以调用常成员函数？

③实验验证：常对象是否可以调用非常成员函数？

④总结常成员特点。

```
#include <iostream>
#include <string>
using namespace std;
class stu{
    private:
```

```
        string name;  //字符串型数据，win32控制台程序中32个字节
        int age;  //整型数据，4个字节
        float score;  //浮点型数据，4个字节
        static const int num=0;  //注意：只有静态常数据成员可在类内定义时初
始化
    public:
        stu（）；  //无参构造函数
        stu（stu& t）；  //复制构造
        ~stu（）{}//析构函数
        const int getnum（）；  //注意：该函数返回值为常数据
        void show（）；  //函数功能：输出信息
        void show（）const；  //常成员函数
};
stu::stu（）//无参构造函数类外实现
{   cout<<"调用无参构造函数 \n";
    cin >> name>>age>> score；  //输入数据
}
stu::stu（stu& t）
{
    name=t.name；    age = t.age；      score = t.score；
}
const int stu::getnum（）
{ _____；}  //普通成员函数的类外实现，函数返回值为常成员
void stu::show（）
{ _____；}  //输出函数的类外实现
void stu::show（）const //补充
{ _____；}  //常成员函数，输出函数的类外实现
int main（）
{
    _____；  //定义普通对象 first，调用无参构造函数初始化
    _____；  //定义常对象 second，调用无参构造函数初始化
    _____；  //定义普通对象 third，验证其是否可用常对象初始化？
    _____；  //输出常对象 second 的所有信息
    _____；  //输出普通对象 third 的所有信息
    _____；  //分别输出常对象 second 与普通对象 third 的字节数
    _____；  //验证：second 与 third 哪个对象可以调用 getnum（）函数？
```

```
    return 0;
}
```

3.阅读分析、完善程序。下面是一个学生类的定义，类中增添了友元函数，现要求：
①补充完善友元函数的类外实现，完成主函数功能测试。
②总结友元函数特点。

```cpp
#include <iostream>
#include <string>
using namespace std;
class stu{
    private:
        string name；  // 字符串型数据，win32 控制台程序中 32 个字节
        int age；  // 整型数据，4 个字节
        float score；  // 浮点型数据，4 个字节
    public:
        stu（）；  // 无参构造函数
        stu（stu& t）；  // 复制构造
        ~stu（）{}  // 析构函数
        void show（）；  // 函数作用：输出信息
        friend stu compare（stu& first, stu& second）；  // 友元函数，作用：比较两个
对象的成绩
};
stu::stu（）  // 无参构造函数类外实现
{   cout<<" 调用无参构造函数 \n";
    cin >> name>>age>> score；  // 输入数据
}
stu::stu（stu& t）
{
    name=t.name；    age = t.age；      score = t.score；
}
void stu::show（）  //补充
{
    cout << " 该同学的姓名为 :"<< name<<endl；
    cout << " 该同学的年龄为 :" << age<< endl；
    cout << " 该同学的分数为 :"<< score << endl；
}
int main（）
```

```
{   // 定义对象，通过调用友元函数完成对象成绩的比较
    ......
    return 0;
}
```

4. 编写程序：定义一个 Point 类，根据需要完善其类内成员信息，现要求：

① 在 Point 类中声明友元函数 Getlength（Point &a, Point &b）计算两点间距离，主函数手动输入两点位置，利用友元函数计算两点距离。

② Point 类中具有静态数据成员（countP）和静态成员函数 GetcountP（），主函数统计点的个数并输出。

程序结构提示（也可根据自己想法进行思维拓展）：

```
#include <iostream>
#include <cmath>
using namespace std;
class Point {
private:
    double x, y, z;
    static int countP;
public:
    Point（）;
    ~ Point（）;
    static void GetcountP（）;
    friend double Getlength（const Point& a, const Point& b）;
};
int main（）{
    ......
    return 0;
}
```

5. 编写程序：在上一题 Point 类的基础上，定义另一个组合类三角形类 Tri，组合类中的数据成员为三个顶点坐标 A、B、C，成员函数有构造函数，求三角形面积函数等，现要求：

① 完善类，给定三角形 ABC 和一点 P（x,y,z），判断点 P 是否在 ABC 内。

判定方法：根据面积法，如果 P 在三角形 ABC 内，那么三角形 ABP 的面积＋三角形 BCP 的面积＋三角形 ACP 的面积应该等于三角形 ABC 的面积。

② 用主函数测试该功能。

程序结构提示（也可根据自己想法进行思维拓展）：

```
class Tri {
```

```
private:
    Point A, B, C；  // 数据成员为 Point 类定义的对象，即三角形的 3 个顶点
    double area；  // double 型数据成员，即三角形的面积
public:
    Tri（）；  // 无参构造函数，功能：初始化 3 个顶点，并计算 3 个顶点构成的
三角形的面积
    Tri（Point& A, Point& B, Point& C）；  // 有参构造函数，功能同上
    void calArea（）；  // 计算三角形的面积
    double getArea（）{ return area；}  // 函数返回值为数据成员 area 的值
};
int main（）{
    ......
    return 0;
}
```

4.2.3　实验步骤

①新建一个空的工程项目 lab_6，向其中添加一个 C++ 源文件 first.cpp（方法见实验 1），输入实验任务中第 1 题的代码，检查无误后编译运行源程序，观察输出结果并回答思考题。

②完成第 1 题后，在工程项目 lab_3 中添加第二个 C++ 源文件 second.cpp（此前先将 first.cpp 中的主函数部分注释掉，以保证一个工程项目中只有一个主函数），输入实验任务中第 2 题的代码，检查无误后编译运行源程序，观察输出结果并回答思考题。

③按以上步骤依次完成实验任务后续题目。

任务 2 程序提示：

```
#include <iostream>
#include <cmath>
using namespace std;
class Point
{private:
    float X,Y;
    static int countP;
public:
    Point（float xx=0, float yy=0）{X=xx；Y=yy；countP++；}
    Point（Point &p）{X=p.X；Y=p.Y；countP++；}
    static void GetC（）；
    friend float Getlength（Point &a, Point &b）；
```

```cpp
        void print（ ）const；
    };
    int Point::countP=0；  // 类外初始化
    float Getlength（Point &a, Point &b） // 注意：友元函数类外说明不需要加类名及类
的作用域标识符
    {
        float dx=a.X–b.X；
            float dy=a.Y–b.Y；
                return sqrt（dx*dx+dy*dy）；
    }
    void Point::GetC（ ）
    {
      cout<<"Object id="<<countP<<endl；
    }
    void Point::print（ ）const
    {
      cout<<"x:"<<X<<endl；
      cout<<"y:"<<Y<<endl；
    }
    int main（ ）
    {
        Point p1（3.0, 5.0）, p2（4.0, 6.0）；
        float d=Getlength（p1,p2）；
        cout<<"The distance is "<<d<<endl；
        const Point p3（p2）；
        p3.print（ ）；
        Point::GetC（ ）；
        return 0；
    }
```

程序输出样例：

```
The distance is 1.41421
x:4
y:6
Object id=3
Press any key to continue
```

4.2.4 分析与讨论

1. 什么是数据的共享？如何实现共享？

2. 什么是数据的保护？如何实现保护？

3. 友元函数的特点是什么？友元类的特点是什么？举例说明友元函数与普通成员函数的区别。

4. 静态成员的特点是什么？静态成员函数的特点是什么？

5. 常成员函数的特点是什么？举例说明常成员函数与普通成员函数的区别。

6. 在函数内部定义的普通局部变量和静态局部变量在功能上有何不同？计算机底层对这两类变量做了怎样不同的处理，导致了这种差异？

7. 全局变量与局部变量有什么区别？举例说明静态对象与动态对象的概念与区别。

4.3 习　题

一、选择题

1.（单选题）下面有关 C++ 静态数据成员，说法正确的是（　　　）。

  A. 可以直接用类名调用

  B. 只能受 public 修饰符的作用

  C. 不能被类的对象调用

  D. 不能在类内初始化

2.（多选题）下面有关 C++ 中 static 关键字的作用，说法正确的是（　　　）。

  A. 对于被 static 修饰的类成员变量和成员函数，它们是属于类的，而不是某个对象，所有对象共享一个静态成员

  B. 静态成员可以通过 < 类名 >::< 静态成员 > 来使用

  C. 对于代码块内部的 static 变量在程序执行之前就创建，在程序执行的整个周期都存在

  D. 对于被 static 修饰的普通函数，其只能在定义它的源文件中使用，不能在其他源文件中被引用

3.（单选题）关于 const 对象描述正确的是（　　　）。

  A. 能访问所有成员函数

  B. 只能访问 const 成员函数

  C. 能访问 static 成员函数

  D. 能访问 volatile 成员函数

4.（多选题）关于 const 描述正确的是（　　　）。

  A. 要阻止一个变量被改变，可以使用 const 关键字

B. 在定义该 const 变量时，不用将其初始化

C. 在一个函数声明中，const 可以修饰形参，表明它是一个输入参数，在函数内部不能改变其值

D. 对于类的成员函数，有时候必须指定其返回值为 const 类型，以使得其返回值不为"左值"

5.（多选题）以下关于友元函数描述正确的是（   ）。

A. 友元函数是可以直接访问类的私有成员和保护成员

B. 友元的正确使用能提高程序的运行效率但同时也破坏了类的封装性和数据的隐藏性，导致程序可维护性变差，因此友元不建议多使用和乱使用

C. 它是定义在类外的普通函数,它不属于任何类,但需要在类的定义中加以声明,声明时只需在友元的名称前加上关键字 friend

D. 有元函数不具有继承性

6.（多选题）以下关于友元函数描述正确的是（   ）。

A. 在 C++ 中友元函数是独立于当前类的外部函数

B. 一个友元函数可以同时定义为两个类的友元函数

C. 友元函数既可以在类的内部，也可以在类的外部定义

D. 在外部定义友元函数时，不必加关键字 friend

二、主观题

1. 判断以下程序是否正确？若不正确，应如何修改？

```
class student
{
public:
    void input（ ）
        {......}
private:
    static int stunum=0;
};
```

2. 编程练习：声明一个个人银行账户管理类，类中包括设置账户、存款、取款、结算利息等基本功能，根据需要完善其类内成员信息，现要求：

①所有账户的总金额为静态数据成员。

②主函数中建立 3 个账户对象，随机设置 10 天内的存、取款信息，计算输出各账户的结算利息，以及所有账户的总金额。

5 数组、指针与字符串

[知识点]

数组的声明与使用，对象数组的定义；指针的声明、赋值与使用；动态创建对象的方法；字符串的存储与处理，字符串类。

[重点]

掌握数组、指针、字符串等基础知识；理解对象数组的定义与使用；利用 new 运算符动态创建对象、对象数组的方法，delete 运算符的使用；字符串类的使用。

[难点]

数组、指针作为函数形参的函数调用；指针型函数的定义与特点；指向函数的指针的使用。

[基本要求]

识记：对象数组的声明与初始化格式；指针型函数的定义格式；指向函数的指针的定义格式；new 运算符、delete 运算符；this 指针的定义。

领会：对象数组作为函数形参的实用；与地址相关的运算符 "*" 和 "&" 的使用；动态创建对象方法；常用的字符串成员函数。

简单应用：编写简单的类与对象程序，使用对象数组作为函数形参，实现函数的参数传递；利用指向函数的指针调用函数。

综合应用：定义具有字符串对象的类，实现有复杂数据成员的类的编写。

5.1 内容提要

5.1.1 对象数组

思考：

①什么是数组的声明与使用？

②什么是数组的存储与初始化？

③对象数组是什么？

④对象数组如何作为函数参数？

1. 数组

数组是具有一定顺序关系的若干相同类型变量的集合体，组成数组的变量称为该数组的元素。

数组属于构造类型。

（1）声明数组

例如：int a［10］［5］［15］；

static int a［10］；

struct student st［10］；

（2）使用数组

通过循环实现对数组每个元素的操作。

（3）数组的存储

在内存中顺序、连续存储数组。

（4）数组初始化

声明数组时给部分或全部元素赋初值。

例如：定义 2*3 个元素的二维数组并赋初值。

int a［2］［3］={0}；//部分初始化

或 int a［2］［3］={{1，2，3}，{4，5，6}}；//全部元素赋初值

2. 对象数组

所谓对象数组是指每一数组元素都是对象的数组，也就是说，若一个类有若干个对象，我们把这一系列的对象用一个数组来存放。

对象数组里的每个元素都是类的对象，赋值时先定义对象，然后将对象直接赋给数组。

（1）对象数组的声明

类名　数组名［元素个数］；

（2）访问方法

通过下标访问数组中的每个成员。

数组名［下标］.成员名

（3）初始化

对象数组的初始化是通过调用构造函数完成。通过初始化列表为对象数组赋值。

例如：　Point A［2］={Point（1,2），Point（3,4）}；

（4）数组作为函数参数

数组元素和数组名都可以作为函数的参数。数组元素作为函数的参数传递的是该类型的一个变量值；数组名作为函数的参数传递的是数组的首地址。

对象数组作为函数的参数有相同的用法。

举例：用 Point 类定义一对象数组，求其平均值。

```cpp
#include<iostream>
using namespace std;
class Point
{
private:
    int m_x,m_y;
public:
    Point（int x=0,int y=0）//Point 类的默认形参的有参构造函数
    {
            m_x=x;
            m_y=y;
    }
    Point（Point &pt）//Point 类的复制构造函数
    {
            m_x=pt.m_x;
            m_y=pt.m_y;
    }
    int getx（）// 函数功能：获得数据成员 m_x 的值
    {
            return m_x;
    }
      int gety（）// 函数功能：获得数据成员 m_y 的值
    {
            return m_y;
    }
    void setx（int xx）；// 函数功能：给数据成员 m_x 重新复赋值
    void sety（int yy）；// 函数功能：给数据成员 m_y 重新复赋值
    friend Point mean（Point pt［］,int npoints）；// 友元函数,函数功能：计算一个
对象数组的平均值
    };
    void Point::setx（int xx）
    {
    m_x=xx；// 通过形参 xx 给数据成员 m_x 重新复赋值
    }
```

```cpp
void Point:: sety（int yy）
{
    m_y=yy; //通过形参 yy 给数据成员 m_x 重新复赋值
}
Point mean（Point pt [ ],int npoints） //求平均子函数
{
    Point meanresault;
    int sum_x=0,sum_y=0;
    int ave_x=0,ave_y=0;
    for（int i=0; i<npoints; i++）
    {
            sum_x+=pt [ i ].m_x;
            sum_y+=pt [ i ].m_y;
    }
    ave_x=sum_x/npoints;
    ave_y=sum_y/npoints;
    meanresault.setx（ave_x）;
    meanresault.sety（ave_y）;
    return meanresault;
}
void main（）
{
    Point ave_point; //定义点对象,调用默认形参的有参构造函数初始化
    Point p [ 3 ]={Point（6,10）,Point（4,6）,Point（8,12）}; //定义对象数组 p [ 3 ]
并初始化
    ave_point=mean（p,3）; //调用求平均子函数
    cout<<"the mean point_x:"<<ave_point.getx（）<<endl;
    cout<<"the mean point_y:"<<ave_point.gety（）<<endl;
}
```

程序输出样例：

```
the mean point_x:6
the mean point_y:9
请按任意键继续...
```

5.1.2　对象指针

1. 指针与指针变量

一个变量的地址称为该变量的指针，指针是常量。

声明一个变量是指针变量的标志是：*。

例如：static int i；

　　　static int *i_pointer=&i；

指针变量的数据类型依据所指的变量类型而定。

例如：Point first；

　　　Point *p=&first；　// p 为 Point 类型的指针变量

2. 与地址相关的运算 * 和 &

C++ 提供了两种指针运算符，一种是取地址运算符 &，一种是间接寻址运算符 *。两个运算符有以下注意事项：

① * 出现在声明语句中，置于被声明变量前，表示指针。

例如：int *p；

② * 出现在执行语句中，表示指针所指的内容。

例如：cout<<*p；

③ & 出现在声明语句中，位于被声明变量左边时，表示声明的是引用。

例如：int &rp；

④ & 出现在给变量赋值的执行语句中，表示取对象的地址。

例如：int a；

　　　int *pa=&a；

举例：定义一个动物类 Animal，主函数中创建一个对象后，分别使用指针变量与引用两种方式调用该对象的成员函数。

```
#include <iostream>
using namespace std;
```

```
class Animal{
public:
    void Talk（）;
};
void Animal::Talk（）{
    cout<<"Hello"<<endl;
}
 int main（）
{
    Animal h；  // 创建一个 Animal 对象
    Animal *p=&h；  // 创建一个指针变量，指向该 Animal 对象 h 的地址
    p->Talk（）；  // 通过指针变量 p 调用该 Animal 对象的 Talk 函数
    （*p）.Talk（）；  // 功能同上一句
    Animal &h1=h；  // 创建一个 Animal 对象引用 h1（它是 h 的别名，具有相同的
内存地址）
    h1.Talk（）；  // 通过引用也可以调用该 Animal 对象的 Talk 函数
    cout<<"h 的地址是 :"<<&h<<endl；
    cout<<"p 的地址是 :"<<p<<endl；
    cout<<"h1 的地址是 "<<&h1<<endl；
    return 0；
}
```

程序输出样例：

```
Hello
Hello
Hello
h的地址是:0028F923
p的地址是:0028F923
h1的地址是:0028F923
请按任意键继续.
```

3. 指针的赋值

①在定义指针的同时进行初始化赋值。

例如：int a［10］;

　　　int *ptr=a;

②在定义之后，单独使用赋值语句。

例如：int a［10］,*ptr;

　　　ptr=a;

4. 常指针类型

（1）指向常量的指针

例如： int a=10,b=20；

const int *p1=&a；

此时变量 a 相当于常量，不能通过指针来改变所指对象的值，但指针本身可以改变，可以指向另外的对象。

例如：p1=&b； // 正确

*p1=b； // 错误

（2）指针类型的常量

例如：int a=10,b=10；

int *const p1=&a；

此时指针本身的值不能被改变。

例如：p1=&b； // 错误

*p1=b； // 错误

5.this 指针

this 指针是隐含于每一个类的成员函数中的特殊指针，用于指向正在被成员函数操作的数据的对象。

例如：Point 类的构造函数体中的语句。

```
point（int x, int y）
{
        m_x=x；
        m_y=y；
}
```

相当于：
```
point（int x, int y）
{
        this->m_x=x；
        this->m_y=y；
}
```

当通过一个对象调用成员函数时，系统先将该对象的地址赋给 this 指针，然后调用成员函数，成员函数对对象的数据成员进行操作时，就隐含使用了 this 指针。

6. 指向类的非静态成员的指针

（1）声明指向公有数据成员的指针

类型说明符 类名 ::* 指针名；

指针的赋值：

指针名 =& 类名 :: 数据成员名；

（2）声明指向公有成员函数的指针

类型说明符 （类名 ::* 指针名）（参数表）；

指针的赋值：

指针名 =& 类名 :: 成员函数名；

例如：利用指针访问 Point 类对象。

```
#include <iostream>
using namespace std;
class Point
{public:
        Point（int xx=0, int yy=0）{X=xx； Y=yy； }
        int GetX（）{ return X； }
        int GetY（）{ return Y； }
 public:
        int X,Y；
};
int main（）
{
    Point a（4,5）；
    int Point::*p_x=&Point::X；  //指向 Poin 类的非静态数据成员
    int （Point::*p_GetX）（）=&Point::GetX；  //函数指针，指向类的 GetX（）成
员函数
    cout<<a.*p_x<<endl；  //利用指针访问数据成员
    cout<<a.X<<endl；  //通过对象访问数据成员
    cout<<（a.*p_GetX）（）<<endl；  //利用指针访问成员函数
    cout<<a.GetX（）<<endl；  //通过对象访问成员函数
    return 0；
}
```

程序输出样例：

（3）指向类的静态成员的指针

对类的静态成员的访问不依赖于对象，可以用普通的指针来指向和访问静态成员。

例如：利用指针访问 Point 类的静态成员。

```cpp
#include <iostream>
using namespace std;
class Point
{
    private:
        int X,Y;
     public:
        static int countP;  // 类中静态数据成员
        Point（int xx=0, int yy=0）// 默认形参构造函数
        {X=xx；Y=yy；countP++；}
        int GetX（）{return X；}
        int GetY（）{return Y；}
        void GetC（）；
};
int Point::countP=0；  // 静态数据成员类外初始化
void Point::GetC（）
{
        cout<<" Object id="<<countP<<endl；
}
void main（）
{
        int *count=&Point::countP；  // 通过普通指针调用类中静态数据成员
        Point A（4,5）；
        cout<<" Object id="<<*count<<endl；
}
```

程序输出样例：

```
Object id=1
请按任意键继续. . .
```

5.1.3 动态内存分配

思考：

①为什么要动态内存分配?

②C语言中使用的动态内存分配方法有哪些?

③C++中使用的动态内存分配方法有哪些?

1.new 运算和 delete 运算

数组是具有一定顺序关系的若干相同类型变量的集合体,组成数组的变量称为该数组的元素。

(1) new 类型名 T(初始化参数列表)

功能:在程序执行期间,申请用于存放 T 类型对象的内存空间,并依初值列表赋以初值。

结果值:成功,返回 T 类型的指针,指向新分配的内存;失败,返回值为 0(NULL)。

例:int *p_i;

    p_i=new int(2);

(2) delete 指针 P

功能:释放指针 P 所指向的内存。P 必须是 new 操作的返回值。

例:delete p_i;

2. 动态创建对象

举例:在主函数中动态创建 Point 类对象。

分析:

①定义 Point 类。

②主函数中用 new 动态创建类对象。

    point *first=new point(4,5);

③用 delete 删除对象。

    delete first;

程序:

```
#include <iostream>
using namespace std;
class point
{
private:
    int m_x,m_y;
public:
    point(int x=0, int y=0)
    {
        m_x=x;
        m_y=y;
```

```
    }
    int getx ( )
    { return m_x ; }
    int gety ( )
    { return m_y ; }
};
void main ( )
{
    point *first=new point（4,5）; //动态创建对象
    cout<<"x:"<<first->getx ( ) <<endl;
    cout<<"y:"<<first->gety ( ) <<endl;
    delete first; // 释放对象
}
```

程序输出样例:

3. 动态创建对象数组

创建形式:

```
new 类型名 T［下标表达式］;
```

注意:

①动态为数组分配内存时不能指定数组元素的初值。

②如果是用 new 创建的数组,用 delete 删除时在指针名前要加［］。

举例:在主函数中动态创建 Point 类对象数组。

分析:

①定义 Point 类。

②主函数中用 new 动态创建对象数组。

```
point *first=new point［2］;
```

③用 delete 删除对象数组。

```
delete ［ ］ first;
```

程序:

```
#include <iostream>
using namespace std;
```

```
class point
{
private:
    int m_x,m_y;
public:
    point（int x=0, int y=0）
    {
        m_x=x;
        m_y=y;
    }
    int getx（）
    { return m_x; }
    int gety（）
    { return m_y; }
};
void main（）
{
    point *first=new point［2］; //动态创建对象数组
    first［0］=point（4,5）; //通过构造函数对数组元素赋值
    first［1］=point（7,8）;
    cout<<"first［0］ x:"<<first［0］.getx（）<<endl;
    cout<<"first［1］ y:"<<first［1］.gety（）<<endl;
    delete［］first; //释放对象数组
}
```
程序输出样例:

```
first[0] x:4
first[1] y:8
请按任意键继续. . .
```

4.动态数组类

将数组的建立和删除过程封装起来，形成一个动态数组类。

举例:在已定义好 point 类的基础上，创建一个动态数组类，在主函数中使用动态数组类创建一个动态数组。

分析:

①定义类 point 类，定义动态数组类 arrayofpoints。

②主函数中使用动态数组类 arrayofpoints 创建数组。

程序：

```cpp
#include <iostream>
#include <cassert>
using namespace std;
class point
{
private:
    int m_x,m_y;
public:
    point（int x, int y）// 有参构造函数
    {
    m_x=x;  m_y=y;
    }
    point（）// 无参构造函数
    {
    cout<<"please input the elements:\n";
    cin>>m_x;  cin>>m_y;
    }
    int getx（）
    { return m_x; }
    int gety（）
    { return m_y; }
};
class arrayofpoints   // 动态数组类
{
private:
    point *points;
    int sizee;
public:
    arrayofpoints（int siz）:sizee（siz）// 构造函数
    {
        points=new point［sizee］;  // 动态创建对象数组
    }
    ~arrayofpoints（）// 析构函数
    {
        cout<<"deleting..."<<endl;
```

```
        delete［］points；// 释放对象数组
    }
    point element（int index）
    {
        assert（index>=0&&index<sizee）；// 如果数组下标越界，程序中止
        return points［index］；// 获得下标为 index 的数组元素
    }
};
int main（）
{
    int countt；
    cout<<"please enter the count of points:";
    cin>>countt；
    arrayofpoints points（countt）；// 创建对象数组，调用 point 类构造函数初始化
    cout<<"please output the elements:\n";
    cout<<points.element（0）.getx（）<<endl；// 访问数组元素的成员
    cout<<points.element（1）.gety（）<<endl；
    return 0；
}
```

程序输出样例：

```
please enter the count of points:2
please input the elements:
5 9
please input the elements:
6 36
please output the elements:
5
36
deleting...
请按任意键继续. . .
```

5. 用 vector 创建数组对象

在 C++ 中，我们不能用数组直接初始化另一数组，而只能创建新的数组，然后显式地把原数组的元素逐个复制给新的数组。

如何实现一个数组直接初始化另一个数组？

用 vector 容器代替数组 —— 使用数组初始化 vector 对象。

vector < 元素类型 > 数组对象名（数组长度）；

举例：在已定义好 point 类的基础上，主函数利用 vector 容器创建数组，并调用求平均子函数完成求数组的平均值。

分析：

①求平均子函数的形参为 vector 容器创建的数组。

②主函数调用子函数时实参也是 vector 容器创建的数组，实参数组直接初始化形参数组。

```cpp
#include<iostream>
#include<vector> // 使用 vector 容器代替数组时，需加上头文件
using namespace std;
class point
{
private:
    int m_x,m_y;
public:
    point（ ） // 无参构造函数
    {
        m_x=0；m_y=0；
    }
    void setpoint（int x, int y） // 给点坐标重新赋值函数
    {
        m_x=x；m_y=y；
    }
    int getx（ ）
    { return m_x；}
    int gety（ ）
    { return m_y；}
};
point average（vector <point>&arr） // 求一组点对象的平均值
{
    double sum_x=0,sum_y=0；
    point temp；
    for（unsigned i = 0；i<arr.size（ ）；i++） // arr.size（ ）为数组长度
    {
        sum_x+= arr［i］.getx（ ）；
        sum_y+= arr［i］.gety（ ）；
    }
    temp.setpoint（sum_x/arr.size（ ），sum_y/arr.size（ ））；
    return temp；
}
```

```
int main（）
{
    int x,y,i;
    unsigned n;
    cout << "n = ";
    cin >> n;
    vector <point> arr（n）；  // 创建数组对象
    for（i = 0；i < n；i++）// 给数组对象赋值
    {
        cout<<"please input the elements:\n";
        cin>>x>>y;
        arr［i］.setpoint（x,y）;
    }
    cout<<"the average is："<<average（arr）.getx（）<<" "<<average（arr）.gety（）
<<endl；// 调用求平均子函数求数组对象的平均值，用 vector 容器代替数组
    return 0;
}
```

程序输出样例：

```
n = 3
please input the elements:
5 6
please input the elements:
7 8
please input the elements:
8 9
the average is: 6 7
请按任意键继续. . .
```

5.1.4 字符串

思考：

① C 语言中用什么来处理字符串？

② C 语言中字符串间的运算通过什么实现？

③ C++ 中的字符串处理方法是什么？

1. 字符数组存储和处理字符串

C++ 和 C 一样，基本数据类型的变量中没有字符串变量，用字符数组存放字符串，操作同一般数组类似。C++ 语言继承了这种方式。

（1）字符数组的初始化

字符数组的初始化分为全部初始化和部分初始化，也可以将字符串直接赋值给字符数组。

举例：

char str［8］={112,114,111,103,114,97,109,0};

char str［8］={'p','r','o','g','r','a','m','\0'};

char str［8］="program";

char str［　］="program";

（2）字符串的输入／输出

字符串的输入／输出分为逐个字符输入／输出和将整个字符串一次输入／输出。

举例：

```
#include<iostream>

using namespace std;

void main（　）

{

    char c［10］={'I',' ','a','m',' ','a',' ','b','o','y'};  //字符数组初始化

    int i;

    char a［10］;

    cin>>a;  //整个字符串一次输入

    cout<<a<<endl;  //整个字符串一次输出

    for（i=0；i<10；i++）//通过循环逐个字符输出

        cout<<c［i］;

    cout<<endl;

}
```

程序输出样例：

```
Good!
Good!
I am a boy
请按任意键继续. . .
```

2. string 类

C++ 标准库中定义了一个 string 类，封装了字符串的基本特性和对字符串的各种典型操作。

使用 string 需要包含：

#include <string>

using namespace std;

（1）sring 类的属性（数据成员）

串长（length 或 size）：表示 string 对象中存放的字符数。

容量（capacity）：表示 string 对象不必增加内存可存放的字符个数。

最大长度（maximum size）：表示 string 对象允许的最大长度。

（2）sring 类的操作（成员函数）

①赋值：将 s 所指的字符串赋值给本对象。

```
string assign（const char *s）；
```

举例：

```
void main（）
{
    string s1= "My string object"；
    string s2；
    s2.assign（s1）；
    cout<<"s2="<<s2<<endl；
}
```

程序输出样例：

```
s2=My string object
Press any key to continue
```

②连接：将 s 所指的字符串连接在本对象后。

```
string append（const char *s）；
```

举例：

```
void main（）
{
    string s1= "My string object"；
    string s2= "!"；
    s1.append（s2）；
    cout<<"s1="<<s1<<endl；
}
```

程序输出样例：

```
s1=My string object!
Press any key to continue
```

③比较本串与 str 串的大小。

```
int compare（const string &str）const；
```

举例：

```
void main（）
{
    string s1= "My string object";
    string s2= "!";
    cout<< s2.compare（s1）<<endl;
}
```

程序输出样例：

④插入：将 s 所指的字符串插入在本串中 p0 位置前。

```
string &insert（unsinged int p0,const char *s）;
```

举例：

```
void main（）
{
    string s1= "My string object";
    string s2= "is an ";
    string s3=s1.insert（10,s2）;
    cout<<"s3=" <<s3<<endl; ;
}
```

程序输出样例：

⑤排序：对一个字符串数组进行排序。

```
sort（str,str+n,cmp）;
```

举例：

```
#include<algorithm>
#include<string>
#include<iostream>
using namespace std;
string str［1005］;
int cmp（string a,string b）// 比较函数，返回值为 sort 函数的第三个形参
{
    return a.compare（b）<0;
```

```
}
void main（）
{
    int n;
    cin>>n；ﾟ//输入字符串的行数
    getchar（）；
    for（int i=0；i<n；i++）
        getline（cin,str［i］）；//输入字符串
    for（int i=0；i<n；i++）
        sort（str,str+n,cmp）；//调用排序函数对字符串排序
    cout<<" 输出排序后结果：\n";
    for（int i=0；i<n；i++）
        cout<<str［i］<<endl;
}
```

程序输出样例：

```
3
asdfhg
ui
ertyu
输出排序后结果：
asdfhg
ertyu
ui
请按任意键继续. . .
```

5.2　编程实验

5.2.1　实验目的

①掌握对象数组、对象指针、this 指针等概念。
②掌握数组、指针作为函数参数的应用。
③熟悉 string 类的应用。
④进一步掌握类与对象程序的编写。

5.2.2　实验任务

1. 阅读分析、完善程序。下面是一个 Point 类的定义与实现，在主函数中设计了类的使用与测试，现要求：

①补充完整类，对没有实现的函数补充完整。

②主函数中动态创建一组点对象，计算其平均值点，并计算每个点对象与平均值点的方差（即距离）。

③思考 1：this 指针有什么特点？ getX（）函数中 return this->X 是否可以写为 return X？

④思考 2：new 运算符的作用是什么？返回值是什么？ delete 运算符有什么作用？

```cpp
#include <iostream>
#include <cmath>
using namespace std;
class Point
{
    private:
        int X,Y;
    public:
        Point（int xx=0, int yy=0）{X=xx；Y=yy；}    // 默认形参构造函数
        int getX（）{return this->X；}    //this 指针为系统默认的，总是指向当前对象的指针
        int getY（）{return this->Y；}
        void move（int x, int y）// 该函数完成对数据成员的赋值
        friend float Distance（Point &a, Point &b）；// 友元函数计算两点间距离
        friend Point mean（Point pt［ ］,int npoints）；  // 友元函数计算一组点对象的平均值
};
void Point ::move（int x, int y）
{…… // 补充 }
float Distance（Point &a, Point &b）
{ …… // 补充 }
Point mean（Point pt［ ］,int npoints）
{ …… // 补充 }
void main（）
{
    // 动态创建一组点对象，通过调用友元函数 mean（）计算其平均值点，并计算每个点对象与平均值的方差（距离）
    Point *pt=new Point［4］；//使用动态内存分配创建对象数组,思考 3：new 有什么作用？返回值是什么？
    …… // 补充代码，完成主函数要实现的功能
```

delete［］pt；//思考 4：此句是否可以省略？为什么？

}

2. 阅读分析、完善程序。下面是一个在上一题 Point 类的基础上建立的动态数组类，将数组的建立和删除过程封装起来，现要求：

①分析程序，依据提示补充完整类的功能函数。

②主函数利用动态数组类 ArrayofPoints 创建一组点对象，输出该组点对象的平均值。

③思考：深复制与浅复制有什么区别？该类中可不可以不写复制构造函数？

```cpp
#include <iostream>
using namespace std;
class ArrayofPoints    //创建一个动态数组类
{
private:
    int size;  //数组长度
    Point *ptr;  //指向数组首地址的指针变量
public:
    ArrayofPoints（int sizes）    //有参构造函数
    ArrayofPoints（ArrayofPoints &v）    //复制构造函数
    ~ArrayofPoints（）    //析构函数
Point &element（int index）    //函数作用：获得数组中某一点对象元素
Point mean（）；//函数作用：计算该数组对象的平均值
};
ArrayofPoints::ArrayofPoints（int sizes）:size（sizes）    //类外实现有参构造函数
{
//动态创建点数组，ptr 指向数组首地址，并对数组中每个元素初始化赋值
……  //补充
}
ArrayofPoints::ArrayofPoints（ArrayofPoints &v）//类外实现复制构造函数
{
//注意：动态创建数组中，复制构造函数必须写，完成深复制
……  //补充
}
ArrayofPoints::~ArrayofPoints（）//类外实现析构函数
{
……  //补充
}
```

Point ArrayofPoints:: &element（int index） //该函数获得数组中某一点对象元素

{

…… //补充（提示：element 函数的返回值类型是什么？参数传递方式是什么？函数的作用是什么？）

}

void main（）

{

//利用动态数组类 ArrayofPoints 创建一组点对象，输出该组点对象的平均值

……

}

3. 阅读分析、完善程序。下面是一个关于字符串 string 类的程序，在主函数中设计了类的使用与测试，现要求：

①分析程序，完善两字符串比较函数 int cmp（string a,string b），使其具备两字符串 ASCII 码比较功能。

②主函数完成对输入的字符串排序输出的功能（注意：可以使用排序算法，也可以使用 sort 函数，sort 函数是 <algorithm> 库文件中的函数，可实现字符串数组排序）。

```cpp
#include<iostream>
#include<algorithm>
#include<string>
using namespace std;
string str[1005]; //全局字符串对象数组
int cmp（string a, string b） //两字符串比较函数，提示：a<b:返回 -1；a=b 返回 0；a>b 返回 1
{ _____ //补充函数功能   }
int main（）
{
    int n;
    cout<<" 输入几个字符串？\n";
    cin >> n; //
    getchar（）; //吸收回车
    for（int i = 0; i < n; i++）
        getline（cin, str[i]）; //getline（）函数功能：输入字符串
    //补充：对输入的字符串排序后输出
    _____ ;
    cout << "\nSorted strings:\n\n";
    for（int i = 0; i < n; ++i）{
```

```
        cout << str [ i ] << endl;
    }
    return 0;
}
```

4.声明一个 Employee 类，其中包括姓名、街道地址、城市和邮编等属性，以及 setname（ ）和 display（ ）等函数，现要求：

①主函数中声明包含 5 个元素的对象数组，每个元素都是 Employee 类型的对象。

②定义一个子函数，将员工姓名按姓氏排序，子函数的形参为对象数组或对象指针。

5.编程：使用 string 类，编写一个简单的文本编辑程序，能够实现基本的插入、删除、查找、替换等功能。

5.2.3　实验步骤

①新建一个空的工程项目 lab_7，向其中添加一个 C++ 源文件 first.cpp（方法见实验 1），输入实验任务中第 1 题的代码，检查无误后编译运行源程序，观察输出结果并回答思考题。

②完成第 1 题后，在工程项目 lab_7 中添加第二个 C++ 源文件 second.cpp（此前先将 first.cpp 中的主函数部分注释掉，以保证一个工程项目中只有一个主函数），输入实验任务中第 2 题的代码，检查无误后编译运行源程序，观察输出结果并回答思考题。

③按以上步骤依次完成后续实验任务。

5.2.4　分析与讨论

1.对象数组的使用特点有哪些？举例说明对象数组的定义与初始化方法。

2.对象指针的使用特点有哪些？举例说明 this 指针的特点。

3.C++ 动态内存使用方法是什么？举例说明动态创建数组的方法。

4.C++ 字符串处理函数的使用特点有哪些？举例说明字符串类 string 的常用字符串处理函数。

5.3　习　题

一、选择题

1.（单选题）下面有关 C++ 静态数据成员，说法正确的是（　　　）。

　A.不能在类内初始化

　B.不能被类的对象调用

　C.不能受 private 修饰符的作用

D. 可以直接用类名调用

2.（多选题）下面有关 C++ 中 static 关键字的作用，说法正确的是（　　　）。

　　A. 对于被 static 修饰的类成员变量和成员函数，它们是属于类的，而不是某个对象，所有对象共享一个静态成员

　　B. 静态成员可以通过 < 类名 >::< 静态成员 > 来使用

　　C. 对于代码块内部的 static 变量在程序执行之前就创建，在程序执行的整个周期都存在

　　D. 对于被 static 修饰的普通函数，只能在定义它的源文件中使用，不能在其他源文件中被引用

3.（单选题）关于 const 对象描述正确的是（　　　）。

　　A. 能访问所有成员函数

　　B. 只能访问 const 成员函数

　　C. 能访问 static 成员函数

　　D. 能访问 volatile 成员函数

4.（多选题）关于 const 描述正确的是（　　　）。

　　A. 要阻止一个变量被改变，可以使用 const 关键字

　　B. 在定义该 const 变量时，不用将其初始化

　　C. 在一个函数声明中，const 可以修饰形参，表明它是一个输入参数，在函数内部不能改变其值

　　D. 对于类的成员函数，有时候必须指定其返回值为 const 类型，以使得其返回值不为"左值"

5.（多选题）关于友元函数描述正确的是（　　　）。

　　A. 友元函数是可以直接访问类的私有成员和保护成员

　　B. 友元函数的正确使用能提高程序的运行效率但同时也破坏了类的封装性和数据的隐藏性，导致程序可维护性变差

　　C. 友元函数不建议多使用和乱使用

　　D. 友元函数是定义在类外的普通函数，它不属于任何类，但需要在类的定义中加以声明，声明时只需在友元函数的名称前加上关键字 friend

6.（多选题）关于友元函数描述正确的是（　　　）。

　　A. 在 C++ 中友元函数是独立于当前类的外部函数

　　B. 一个友元函数可以同时定义为两个类的友元函数

　　C. 友元函数既可以在类的内部，也可以在类的外部定义

　　D. 在外部定义友元函数时，不必加关键字 friend

7.（单选题）下面关于数组的初始化正确的是（　　　）。

　　A.char str ［2］ = {"a","b"};

　　B.char str ［2］［3］ ={"a","b"};

C.char str［2］［3］={{'a','b'},{'e','d'},{'e','f'}};

D.char str［］= {"a", "b"};

8.（单选题）创建对象时，对象的内存和指向对象的指针分别分配在（　　　）。

    A. 堆区、栈区

    B. 常量区、堆区

    C. 全局区、栈区

    D. 栈区、堆区

9.（单选题）关于 this 指针，下面说法错误的是（　　　）。

    A. 每个非静态成员函数都隐含一个 this 指针

    B. this 指针在成员函数中始终指向当前作用对象

    C. 在成员函数中直接访问成员 m，隐含着 this->m

    D. 在使用 this 指针之前，应该显式说明

10.（单选题）关于 this 指针使用说法错误的是（　　　）。

    A. 当创建一个对象后，this 指针就指向该对象

    B. 成员函数拥有 this 指针

    C. 静态成员函数不拥有 this 指针

    D. 保证基类公有成员在子类中可以被访问

二、主观题

1. 已知 String 类定义如下：

```
class String
{
    public:
        String（const char *str = NULL）；  // 通用构造函数
        String（const String &another）；  // 拷贝构造函数
        ~ String（）；  // 析构函数
        String & operater =（const String &rhs）；  // 赋值函数
    private:
        char *m_data；  // 用于保存字符串
};
```

尝试写出类的成员函数实现。

2. 阅读分析、完善程序。下面是一个关于字符串 string 类的程序，在主函数中设计了类的使用与测试，现要求：

①分析程序，依据提示完善程序。

②通过调试、运行程序，回答相关思考问题。

```
#include<algorithm>
```

```
#include<string>
#include<iostream>
using namespace std;
string str [1005] ; //思考：该变量作用域是什么？
int cmp（string a,string b） //思考：string 类型特点是什么？
{
        return a.compare（b）<0; //思考 1：a 与 b 两个对象哪个是当前对象？
//思考 2：compare（）函数是否为 string 类中的成员函数？它的作用是什么？
//思考 3：cmp（）函数的形参是什么？返回值是什么？函数实现的功能是什么？
}
int main（）
{
    int n;
    cin>>n;
    for（int i=0; i<n; i++）
getline（cin,str [i]）; //思考：getline（）函数的形参是什么？返回值是什么？
函数实现的功能是什么？
    for（int i=0; i<n; i++）
            sort（str,str+n,cmp）; //sort 函数是 <algorithm> 库文件中的函数，实
现字符串数组排序，思考：sort（）函数的形参是什么？返回值是什么？函数实现的功
能是什么？
            for（int i=0; i<n; i++）
        cout<<str [i] <<endl;
    return 0;
}
```

6 类的继承与派生

[知识点]

类的继承与派生的概念理解；类的单继承实现；类的多继承实现；类的访问控制与类型兼容规则；虚基类的概念与应用。

[重点]

类的单继承实现；类的多继承实现。

[难点]

类的访问控制与类型兼容规则；虚基类的理解与应用。

[基本要求]

识记：继承与派生的定义；派生类的访问控制方式；单继承派生类构造函数的书写格式；多继承派生类构造函数的书写格式；虚基类的定义与应用。

领会：继承与派生的作用；基类、派生类构造函数被调用的顺序；基类、派生类析构函数被调用的顺序；虚基类的应用范围。

简单应用：定义一个基类，再定义一个派生类，访问派生类中的成员，理解单继承派生类的使用。

综合应用：定义多个基类，再定义派生类，访问派生类中的成员，理解多继承派生类的使用。

6.1 内容提要

6.1.1 类的继承与派生

思考：

①什么是继承？什么是派生？

②C++中如何实现类的继承与派生？

1. 类的继承与派生

保持已有类的特性而构造新类的过程称为继承。在已有类的基础上新增自己的特性而产生新类的过程称为派生。

被继承的已有类称为基类（或父类）。派生出的新类称为派生类。

继承的目的：实现代码重用。

派生的目的：当新的问题出现，原有程序无法解决（或不能完全解决）时，需要对原有程序进行改造。

2. 单继承

（1）单继承派生类书写形式

class 派生类名：继承方式 基类名

{

　　　成员声明；

};

继承方式包括：public、protected、private。

注意：

无论哪种继承方式，private 成员只能被本类成员（类内）和友元访问，不能被派生类访问；protected 成员可以被派生类访问。

（2）public 继承特点

基类 public 成员、protected 成员、private 成员的访问属性在派生类中分别变成 public、protected、private，即访问属性不变。

派生类中的成员函数，可以直接访问基类中的 public 和 protected 成员，但不能直接访问基类的 private 成员。

通过派生类的对象只能访问 public 成员。

举例：public 继承。

```cpp
#include <iostream>
#include <string>
using namespace std;
class Point {
    public: // 公有成员
        void initPoint ( float x = 0, float y = 0 )
        {
            this->x = x;
            this->y = y;
        }
        void move ( float offX, float offY )
        {
            x += offX;
            y += offY;
        }
```

```cpp
        float getX ( ) const { return x; }
        float getY ( ) const { return y; }
    private:
        float x, y;  // 私有数据成员
};
// 派生类定义部分
class Rectangle: public Point
{
public: // 新增公有函数成员
    void initRectangle ( float x, float y, float w, float h )
    {
        initPoint ( x, y );  // 调用基类公有成员函数
        this->w = w;
        this->h = h;
    }
    float getH ( ) const { return h; }
    float getW ( ) const { return w; }
private:
    float w, h ;  // 新增私有数据成员
};
int main ( )
{
    Rectangle rect;  // 定义 Rectangle 类的对象
    rect.initRectangle ( 2, 3, 20, 10 );  // 设置矩形的数据
    rect.move ( 3,2 );  // 派生类对象直接访问基类中公有成员，移动矩形位置
    cout << "The data of rect ( x,y,w,h ) : " << endl;
    cout << rect.getX ( ) <<", "  // 派生类对象可以直接访问基类中公有成员
        << rect.getY ( ) << ", "  // 派生类对象可以直接访问基类中公有成员
        << rect.getW ( ) << ", "
        << rect.getH ( ) << endl;
    return 0;
}
```

程序输出样例：

```
The data of rect(x,y,w,h):
5, 5, 20, 10
请按任意键继续. . .
```

（3）private 继承特点

基类 public 成员、protected 成员、private 成员的访问属性在派生类中分别变成 private、private、private。

派生类中的成员函数，可以直接访问基类中的 public 和 protected 成员，但不能直接访问基类的 private 成员。

通过派生类的对象不能直接访问从基类继承的任何成员。

举例：private 继承。

```cpp
#include <iostream>
#include <string>
using namespace std;
class Point {
    public: // 公有成员
        void initPoint（float x = 0, float y = 0）
        {
            this->x = x;
            this->y = y;
        }
        void move（float offX, float offY）
        {
            x += offX;
            y += offY;
        }
        float getX（）const { return x; }
        float getY（）const { return y; }
    private:
        float x, y;  // 私有数据成员
};
// 派生类定义部分
class Rectangle: private Point
{
public: // 新增公有函数成员
    void initRectangle（float x, float y, float w, float h）
    {
        initPoint（x, y）;  // 调用基类公有成员函数
        this->w = w;
        this->h = h;
    }
```

```
        void move（float offX, float offY）{  Point::move（offX, offY）；}
        float getX（ ）const { return Point::getX（）；}    //在派生类中定义一个公有的getX（ ）
函数间接访问从 Point 类私有继承过来的 getX（ ）
        float getY（ ）const { return Point::getY（）；}    //作用同上
        float getH（ ）const { return h；}
        float getW（ ）const { return w；}
    private:
        float w, h；  // 新增私有数据成员
};
int main（ ）
   {
        Rectangle rect；// 定义 Rectangle 类的对象
        rect.initRectangle（2, 3, 20, 10）；//设置矩形的数据
        rect.move（3,2）；// 派生类中公有成员
        cout << "The data of rect（x,y,w,h）: " << endl；
        cout << rect.getX（ ）<<", "    //类外派生类对象只能调用公有成员
            << rect.getY（ ）<< ", "    //类外派生类对象只能调用公有成员
            << rect.getW（ ）<< ", "
            << rect.getH（ ）<< endl；
        return 0；
}
```

程序输出样例：

```
The data of rect(x,y,w,h):
5, 5, 20, 10
请按任意键继续. . .
```

（4）protected 继承特点

基类 public 成员、protected 成员、private 成员的访问属性在派生类中分别变成 protected、protected、private。

派生类中的成员函数，可以直接访问基类中的 public 和 protected 成员，但不能直接访问基类的 private 成员。

通过派生类的对象：不能直接访问从基类继承的任何成员。

对建立其所在类对象的模块来说，它与 private 成员的性质相同。

对于其派生类来说，它与 public 成员的性质相同。

举例：protected 继承。

```
class A {
protected:
```

```
        int x；
    }；
class B: public A{
public:
    int function（）
    {
        x = 5；
        return x；
    }
}；
void main（）
{
    A a；
    B b；
    a.x = 5；  // 错误，类外对象不能直接访问 protected 数据成员
    cout<<a.x<<endl；  // 错误，类外对象不能直接访问 protected 数据成员
    cout<<b.function（）<<endl；
    cout<<b.x<<endl；  // 错误，类外对象不能直接访问 protected 数据成员
}
```

程序输出样例：

```
3 error(s), 0 warning(s)
```

（5）派生类构造函数

默认情况下，基类的构造函数不被继承，派生类需要定义自己的构造函数。

派生类中从基类中继承的成员调用基类构造函数初始化；本类中新增成员调用派生类构造函数初始化。

派生类的构造函数需要给基类的构造函数传递参数。

派生类有参构造函数书写形式：

派生类名（基类所需的形参，本类成员所需的形参）：基类名（参数表）

{

*　　　　本类成员初始化赋值语句；*

}；

（6）派生类对象调用构造函数的顺序

先调用基类构造函数，再调用派生类构造函数。

（7）派生类对象调用析构函数的顺序

先调用派生类析构函数，再调用基类析构函数。

举例：定义一个 Document 类，有数据成员 name；从 Document 派生出 Book 类，增加数据成员 pageCount。

```cpp
#include <iostream>
#include <string>
using namespace std;
class Document    //基类
{
private:
    string m_doc;   //基类数据成员
public:
    Document（ ） //基类无参构造函数
    {
        cout<<"input the base date:";
        cin>>m_doc;
    }
    Document（string s2） //基类有参构造函数
    { m_doc=s2; }
    void Getdoc（ ）
    { cout<< m_doc <<endl;     }
    ~Document（ ）
    {
        cout<<" 基类析构函数 \n";
    }
};
class Book:public Document    //派生类
{
private:
    string m_name;  //派生类新增数据成员
    int m_pageCount;
public:
    Book（ ） //派生类无参构造函数
    {
        cout<<"input the derived data:";
        cin>>m_name>>m_pageCount;
    }
```

```
Book（string s1,string s2,int pagecount）:Document（s1）// 派生类有参构造函数
{
    m_pageCount=pagecount;
    m_name.assign（s2）;
}
void GetpageCount（）
{
    cout<<m_pageCount<<endl;
}
~Book（）
{
    cout<<" 派生类析构函数 \n";
}
};
void main（）
{
    Book bp1（"J"," chengxu",5）; // 派生类定义有参对象
    bp1.Getdoc（）;
    bp1.GetpageCount（）;
    Book bp2; // 派生类定义无参对象
    bp2.Getdoc（）;
    bp2.GetpageCount（）;
}
```

程序输出样例：

```
J
5
input the base date:程序设计
input the derived data:C++ 32
程序设计
32
派生类析构函数
基类析构函数
派生类析构函数
基类析构函数
请按任意键继续. . .
```

3. 多继承

（1）多继承派生类的声明

class 派生类名：继承方式 1 基类名 1，继承方式 2 基类名 2，...

{

　　　　成员声明；

　　};

（2）多继承派生类有参构造函数形式

派生类名（基类1形参，基类2形参，... 基类n形参，本类形参）：基类名1（参数），基类名2（参数），... 基类名n（参数）

{

　　　　本类成员初始化赋值语句；

};

（3）派生类对象调用构造函数的顺序

先调用基类构造函数，再调用派生类构造函数，调用基类构造函数的顺序与定义派生类时继承的基类顺序一致。

（4）派生类对象调用析构函数的顺序

先调用派生类析构函数，再调用基类析构函数，调用基类析构函数的顺序与定义派生类时继承的基类顺序相反。

举例：定义一个 Dog 类，有数据成员嗅觉等级；定义一个 Wolf 类，有数据成员攻击等级；定义 Dog_Wolf，有数据成员狩猎等级。

```
#include <iostream>
#include <string>
using namespace std;
class Wolf    // 基类 Wolf
{
private:
    int m_attack;
public:
    Wolf（int attack） // 基类 Wolf 的有参构造函数
    {
        m_attack=attack;
        cout<<" 尾巴直立！ \n";
    }
    Wolf（） // 基类 Wolf 的无参构造函数
    {
        cin>>m_attack;
```

```
        cout<<" 尾巴直立！\n";
    }
    void showattack（）
    {
        cout<<" 攻击等级："<<m_attack<<endl;
    }
    ~Wolf（）
    {
        cout<<"Wolf 类析构函数 "<<endl;
    }
};
class Dog   //基类 Dog
{
private:
    int m_smell;
public:
    Dog（int smell）//基类 Dog 的有参构造函数
    {
        m_smell=smell;
        cout<<" 耳朵直立！"<<endl;
    }
    Dog（）//基类 Dog 的无参构造函数
    {
        cin>>m_smell;
        cout<<" 耳朵直立！"<<endl;
    }
    void show_smell（）
    {
        cout<<" 嗅觉等级："<<m_smell<<endl;
    }
    ~Dog（）
    {
        cout<<"Dog 类析构函数 "<<endl;
    }
};
class Dog_wolf:public Wolf,public Dog //注意：派生类 Dog_wolf 调用基类构造函数的
顺序一定与此处的继承顺序一致
```

```cpp
{
private:
    int m_hunting;
public:
    Dog_wolf（int smell,int attack,int hunting）:Dog（smell）,Wolf（attack） //注意：
```
派生类 Dog_wolf 调用基类构造函数的顺序与前面定义时的顺序一致，不依此说明顺序调用
```cpp
    {
        m_hunting=hunting;
        cout<<" 耳朵直立！尾巴直立！ \n";
    }
    Dog_wolf（）   //先调用基类 Wolf 的无参构造函数，再调用基类 Dog 的无参构造
```
函数，最后调用派生类 Dog_wolf 的无参构造函数
```cpp
    {
        cin>>m_hunting;
        cout<<" 耳朵直立！尾巴直立！ \n";
    }
    void showhunting（）
    {
        cout<<" 狩猎等级： "<<m_hunting<<endl;
    }
    ~Dog_wolf（）
    {
        cout<<"Dog_wolf 类析构函数 "<<endl;
    }
};
void main（）
{
    Dog_wolf dog1（4,3,2）；//派生类定义有参对象
    dog1.show_smell（）；
    dog1.showattack（）；
    dog1.showhunting（）；
    Dog_wolf dog2；//派生类定义无参对象
    dog2.show_smell（）；
    dog2.showattack（）；
    dog2.showhunting（）；
}
```

程序输出样例：

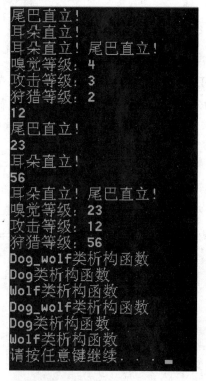

6.1.2　虚基类

思考：

①什么是虚基类？

②为什么引入虚基类？

③在 C++ 中如何实现虚基类？

1. 虚基类的引入

当派生类从多个基类派生，而这些基类又有共同基类，则在访问此共同基类中的成员时，将产生冗余，并有可能因冗余带来不一致性。

虚基类作用：

①主要用来解决多继承时可能发生的对同一基类继承多次而产生的二义性问题。

②为最远的派生类提供唯一的基类成员，且不重复产生多次复制。

虚基类的结构如图 6.1 所示。

注意：

在第一级继承时就要将共同基类设计为虚基类。

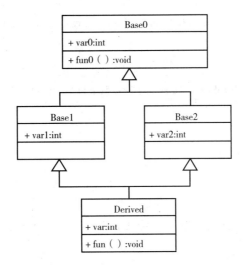

图 6.1 虚基类结构图例

2. 虚基类声明

以 virtual 说明基类继承方式。

例如图 6.1 所示的虚基类声明方式。

```
#include <iostream>
using namespace std;
class Base0 {    // 虚基类 Base0
public:
    int var0;
    void fun0（）{ cout << "Member of Base0:" << "var0="<<var0<<endl；}
    Base0（int var）{var0=var；}
};
class Base1: virtual public Base0 {    // 派生类 Base1，以 virtual 说明继承方式
public:
    Base1（int var）: Base0（var）{ var1=var−1；}
    int var1；
};
class Base2: virtual public Base0 {    // 派生类 Base2，以 virtual 说明继承方式
public:
    Base2（int var）: Base0（var）{var2=var−2；}
    int var2；
};
class Derived: public Base1, public Base2 {    // 最远派生类 Derived
public:
```

```
        Derived (int var) : Base0 (var), Base1 (var), Base2 (var) { }
        int var;
        void fun ( ) {
            cout << "Member of Derived:" << "var1="<<var1<<",var2="<<var2<<endl;
        }
    };
    int main ( )
      {
        Derived d (1); //定义最远派生类对象
        d.fun0 ( ); //最远派生类对象直接访问虚基类的函数成员
        d.fun ( );
        return 0;
    }
```

程序输出样例：

```
Member of Base0:var0=1
Member of Derived:var1=0,var2=-1
请按任意键继续 . . .
```

6.2　编程实验 1

6.2.1　实验目的

①学习声明和使用类的多继承关系，声明派生类。
②熟悉单继承方式下对基类成员的访问控制。
③单继承应用程序的编写。

6.2.2　实验任务

1. 分析完善以下程序，本题中 A 为基类，B 为派生类，B 以 public 方式继承 A，现要求：

①分析程序，思考类 B 中的成员函数 show ( ) 是否可以直接使用从 A 类继承来的私有数据 a？如果不能，应如何修改？

②主函数中用派生类定义对象，输出该对象所有成员的值。

③主函数中输出类 A 和类 B 的字节数，并做简要分析。

④总结 public 继承方式的特点。

```
#include<iostream>
```

```cpp
using namespace std;
class A
{
private:
    int a;
public:
    void seta（int i）{ a = i; }
    int geta（）{ return a; }
};
class B :public A
{
private:
    int b;
public:
    void setb（int i）{ b = i; }
    int getb（）{ return b; }
    void show（）{
    cout << "A::a=" << _____<< endl;  //输出从 A 类继承来的数据成
员 a
    cout << "B::b=" << b << endl;
    }
};
int main（）
{ //按要求补充程序
    ......
    return 0;
}
```

2. 分析完善以下程序，本题中 A 为基类，B 为派生类，B 以 private 方式继承 A，现要求：

①补充完善程序，思考若主函数中用类 B 定义对象 bb，对象 bb 中从 A 类继承来的数据成员 a 的赋值该如何实现？对象 bb 可以直接调用从 A 类继承来的成员函数 void seta（int i）对数据成员 a 赋值吗？如果不能，应如何修改？

②补充完善程序，思考派生类对象是否可以直接输出从基类私有继承过来的静态数据成员？若不能，应如何修改？

③主函数中用派生类定义对象，输出该对象所有成员的值。

④主函数中输出类 A 和类 B 的字节数并做简要分析。

⑤总结 private 继承方式的特点。

```cpp
#include<iostream>
using namespace std;
class A
{
public:
    void seta（int i）{a = i; }
    int geta（）{ return a; }
    static int n;   // 静态数据成员
    int a;
};
int A::n = 0;   // 静态数据成员类外初始化
class B :private A
{
private:
    int b;
public:
    _____   // 补充：对从 A 类继承来的数据成员 a 赋值
    void setb（int i）{ b = i; }
    int getb（）{ return b; }// 函数返回值为数据成员 b
    int getn（）{ return n; }// 函数返回值为静态数据成员 n
    void show（）{
    _____   // 补充：输出所有数据成员的值
    }
};
int main（）
{
    B bb;   // 派生类对象
    _____;   // 补充：bb 对象对其数据成员 a 赋值
    _____;   // 补充：bb 对象对其数据成员 b 赋值
    bb.show（）;
    cout << "sizeof（A）:" << sizeof（A）<< endl;
    cout << "sizeof（B）:" << sizeof（B）<< endl;
    _____;   // 补充：bb 对象输出静态数据成员 n 的值
    return 0;
}
```

3. 分析完善以下程序，本题中 A 为基类，B 为派生类，B 以 protected 方式继承 A，现要求：

①运行分析程序，思考类 B 中的成员函数 show（ ）是否可以直接使用从 A 类继承来的私有数据 a？如果不能，应如何修改？

②总结 protected 继承方式的特点。

```cpp
#include<iostream>
using namespace std;
class A
{
private:
    int a;
public:
    void seta（int i）    {      a = i;      }
    int geta（）{       return a;      }
};
class B :protected A
{
private:
    int b;
protected:
    static int n;   // 静态数据成员
public:
    void setb（int i, int j）{
        b = i;
        seta（j）;
    }
    int getn（）{
        return B::n;
    }
    int getb（）{ return b; }
    void show（）{
        cout << "A::a=" << a<< endl;
    } // 思考：派生类 B 中的函数是否可以直接访问从基类继承过来的私有数据成员？如果不可以，应如何修改？
};
int B::n = 0;   // 静态数据成员类外初始化
```

```
int main ( ) {
    B b;
    b.setb ( 1, 2 );
    b.show ( );
    cout << "B::b=" <<b.getb ( ) <<endl;
    cout << "B::n=" <<b.getn ( ) << endl;
    cout << " 类 A 的字节数为： " << sizeof ( A ) << endl;
    cout << " 类 B 的字节数为： " << sizeof ( B ) << endl;
    return 0;
}
```

4. 阅读分析、完善程序。为已有的程序补充基类 A 的构造函数（有参、无参）和析构函数；派生类 B 的构造函数（有参、无参）和析构函数面，现要求：

①通过运行结果分析派生类对象初始化数据成员的方式，所调用的构造函数顺序。

②通过运行结果分析派生类对象调用的析构函数的顺序。

```
#include<iostream>
using namespace std;
class A
{
private:
    int a;
public:
    A ( )    { _____;        }
    A ( int aa )        { _____;     }
    void seta ( int i ) {              a = i;    }
    int geta ( ) { return a;  }
    ~A ( ) { _____; }
};
class B :public A
{
private:
    int b;
public:
    B ( ) {  _____;  }
    B ( _____ ) : _____
    { _____;     }
    ~B ( )
```

```
        {  _____；  }
        void setb（int i）{ b = i；}
        int getb（）{ return b；}
        void show（）{ cout << "A::a=" << geta（）<< endl；}
};
int main（）
{
        B bb；// 思考：创建派生类对象的同时会调用构造函数，应如何调用？
        cout << "A::a=" << bb.geta（）<< endl；
        cout << "B::b=" << bb.getb（）<< endl；
        return 0；
}
```

5. 利用类的继承与派生特性完成以下程序编写，已知一个 Perfect_num 类，可以判断一个数是否为完数，将 Perfect_num 类作为基类，派生出一个新类 Scope，可以实现某一范围内完数的判断，现要求：

①编写完善基类 Perfect_num、派生类 Scope。

②主函数用 Scope 类定义一个对象 first，寻找 1000~9999 的完数。

6. 利用类的继承与派生特性来管理学生和研究生档案，现要求：

① student（学生）类为基类，数据成员包括姓名、性别、年龄、学号、学院。

② gradstudent（研究生）类为派生类，数据成员包括姓名、性别、年龄、学号、学院、导师，即在基类的基础上新增数据成员"导师"。

③每个类都包括构造函数以及显示类对象数据的成员函数。

④编写主函数，动态地创建一组研究生对象，并对其初始化赋值。

6.2.3　实验步骤

①新建一个空的工程项目 lab_8，向其中添加一个 C++ 源文件 first.cpp（方法见实验 1），输入实验任务中第 1 题的代码，检查无误后编译运行源程序，观察输出结果并回答思考题。

②完成第 1 题后，在工程项目 lab_8 中添加第二个 C++ 源文件 second.cpp（此前先将 first.cpp 中的主函数部分注释掉，以保证一个工程项目中只有一个主函数），输入实验任务中第 2 题的代码，检查无误后编译运行源程序，观察输出结果并回答思考题。

6.2.4　分析与讨论

1. 单继承类的定义书写格式是什么？

2. 单继承中有参构造函数、无参构造函数、析构函数的书写格式是什么？

3. 三种继承方式有哪些特点？

4. 如何理解继承与派生的概念？程序中派生类包含的数据成员与基类包含的数据成员的关系是什么？

5. 基类中特殊的数据成员，如静态数据成员、静态成员函数，派生类是否会继承？

6.3　编程实验2

6.3.1　实验目的

①学习声明和使用类的多继承关系，声明派生类。

②熟悉多继承方式下对基类成员的访问控制。

③多继承应用程序的编写。

6.3.2　实验任务

1. 已有类 Time 和 Date，要求设计一个派生类 Birthtime，它继承类 Time 和 Date，并且增加一个数据成员 Childname 用于表示小孩的名字，同时设计主程序显示一个小孩的出生时间和名字。调试下列程序，现要求：

①分析程序，简要画出基类与派生类关系图。

②完善程序，写出派生类的有参与无参构造函数。

③主函数中分别定义有参和无参对象及输出对象信息。

④回答程序中相应思考题。

```cpp
#include<iostream>
#include<string>
using namespace std;
class time
{
protected:
    int hours,minutes,seconds;  //思考：这三个数据成员在派生类中的访问属性是
什么？可否被派生类成员函数直接访问？
public:
    time()
    {   cin>>hours>>minutes>>seconds;    }
    time(int h,int m,int s)
    {   hours=h;  minutes=m;  seconds=s; }
    void display() {
        cout<<" 出生时间："<<hours<<" 时 "<<minutes<<" 分 "<<seconds<<" 秒 "<<endl;
```

```
        }
    };
    class date
    {
    protected:
        int month,year,day;   //思考：这三个数据成员在派生类中的访问属性什么？可
否被派生类对象直接访问？
    public:
        date（）
        {   cin>>month>>year>>day；   }
        date（int m,int d,int y）
        {   month=m；day=d；year=y；}
        void display（）  {
            cout<<" 出生年月 "<<year<<" 年 "<<month<<" 月 "<<day<<" 日 "<<endl；
        }
    };
    class birthtime:public time,public date
    {
    private:
        string childname；
    public:
        _____；  //派生类有参构造函数
        _____；  //派生类无参构造函数
        void display（）
        {
        time::display（）；//思考：可否换一种方式，直接输出从基类继承过来的
数据成员？
        date::display（）；
        cout<<" 名字是："<<childname<<endl；
        }
    };
    int main（）
    {
        _____；  //定义一个有参对象a
        _____；  //定义一个无参对象b
        a.display（）；
```

```
        b.display（ ）;
        return 0;
    }
```

2.编写一个学生和教师的数据输入和显示程序。学生数据有编号、姓名、性别、年龄、系别和成绩，教师数据有编号、姓名、性别、年龄、职称和部门。现要求：

①将编号、姓名、性别、年龄的输入和显示设计成一个类 Person，并作为学生类 Student 和教师类 Teacher 的基类。

②写程序前简要画出类的继承与派生结构。

③编写程序，主函数中分别使用学生类 Student 和教师类 Teacher 动态创建对象并显示其信息。

3. 按要求编写程序，实现输入一种数据，可对其完成排序与查找功能，现要求：

①定义一个基类 A，可以完成一整型动态数据的创建与数据输入。

②由基类 A 派生一个派生类 B，新增对一组数据排序功能。

③由派生类 B 派生一个派生类 C，新增查找功能。

④主函数用派生类定义对象，测试程序功能。

4.阅读分析、完善程序，理解虚基类特点。现要求：

①画出以下程序类的结构图，说明虚基类使用特点。

②完善程序，写出虚基类第一层派生类的继承书写格式、有参构造函数书写格式。

③完善程序，写出虚基类第二层派生类的继承书写格式、有参构造函数书写格式。

④主函数分别定义有参和无参对象，通过运行结果说明构造函数和析构函数的调用顺序。

```
#include <iostream>
#include <string>
using namespace std;
class Shape
{
public:
        string m_name;
    Shape（ ）
    {
      cout<<"the shape:";
      cin>>m_name;
    }
        Shape（string name）:m_name（name）{}
      void Show_Shape（ ）
      {
```

```
    cout<<"the shape:";
  }
  ~Shape（ ）
  {
    cout<<"first!\n";
  }
};
class Rectangle:_____Shape // 完善程序：Rectangle 继承虚基类
{
public:
    int m_width;
    int m_height;
    Rectangle（ ）
    {
      cout<<"input width and height\n";
    cin>>m_width;
    cin>>m_height;
    }
    ~Rectangle（ ）
    {
    cout<<"second!\n";
    }
    _____ // 完善程序：Rectangle 的有参构造
函数
    float getare（ ）
    {
      return m_width*m_height;
    }
};
class Circle:_____Shape // 完善程序：Rectangle 继承虚基类
{
public:
    int m_radius;
    Circle（ ）
    {
      cout<<"input radius:\n";
```

```
        cin>>m_radius;
    }
    ~Circle（ ）
    {
      cout<<"third!\n";
    }
    _____  // 完善程序：Circle 的有参构造函数
    float getArea（ ）
    {
      return 3.14*m_radius*m_radius;
    }
};
class Square:public Rectangle,public Circle
{public:
    int m_len;
    Square（ ）
    {
      cout<<"input len:\n";
      cin>>m_len;
    }
    ~Square（ ）
    {
      cout<<"four!\n";
    }
    _____  // 完善程序：Square 的有参构造函数
};
void main（ ）
{
    Square A;
    A.Show_Shape（ ）;
    _____;  // 完善程序：用 Square 定义一个有参对象 B
    _____;  // 完善程序：输出对象 B 的信息
}
```

6.3.3 实验步骤

①新建一个空的工程项目 lab_9，向其中添加一个 C++ 源文件 first.cpp（方法见实验 1），输入实验任务中第 1 题的代码，检查无误后编译运行源程序，观察输出结果并回答思考题。

②完成第 1 题后，在工程项目 lab_9 中添加第二个 C++ 源文件 second.cpp（此前先将 first.cpp 中的主函数部分注释掉，以保证一个工程项目中只有一个主函数），输入实验任务中第 2 题的代码，检查无误后编译运行源程序，观察输出结果并回答思考题。

③按以上步骤依次完成后续实验任务。

6.3.4 分析与讨论

1. 多继承派生类对象调用构造函数的顺序与析构函数的顺序分别是什么？
2. 多继承的使用特点有哪些？
3. 虚基类使用方法是什么？

6.4 习题

一、选择题

1.（单选题）在 C++ 中，可以被派生类继承的函数是（　　　）。

    A. 成员函数　　　B. 构造函数　　　　　　C. 析构函数　　　　　　D. 友元函数

2.（单选题）在公有继承中，基类中只有公有成员对派生对象是（　　　）的。

    A. 可见的　　　　B. 不可见的　　　　　　C. 未知的　　　　　　　D. 已知的

3.（单选题）下列关于基类和派生类关系的叙述中，正确的是（　　　）。

    A. 每个类最多只能有一个直接基类

    B. 派生类中的成员可以访问基类中的任何成员

    C. 基类的构造函数必须在派生类的构造函数体中调用

    D. 派生类除了继承基类的成员，还可以定义新的成员

4.（单选题）当一个派生类公有继承一个基类时，基类中的所有公有成员成为派生类的（　　　）。

    A.public 成员　　　　　　　　　　　　B.private 成员

    C.protected 成员　　　　　　　　　　　D. 友元

5.（单选题）在公有派生情况下，有关派生类对象和基类对象的关系，下列叙述不正确的是（　　　）。

    A. 派生类的对象可以赋给基类的对象

    B. 派生类的对象可以初始化基类的引用

C. 派生类的对象可以直接访问基类中的成员

D. 派生类的对象的地址可以赋给指向基类的指针

6.（单选题）下列关于虚基类的描述中错误的是（　　）。

A. 使用虚基类可以消除由多继承产生的二义性

B. 构造派生类对象时，虚基类的构造函数只被调用一次

C. 声明 class B:virtual public A 说明类 B 为虚基类

D. 建立派生类对象时，首先调用虚基类的构造函数

二、主观题

1.阅读分析、完善程序。定义一个 swust 类，数据成员有学校全称、学校地址；成员函数有构造函数、析构函数、输出学校全程、地址等函数。由基类 swust 派生出一个学生类，新增数据成员年级、专业等信息；添加必要的成员函数，现要求：

①分析程序，依据提示完善程序。

②通过调试、运行程序，回答相关思考问题。

```cpp
#include <iostream>
#include <string>
using namespace std;
class swust{
private:
        string address；  // 学校全称
        string full_name；  // 学校地址
public:
        _____；  // 补充完善，有参构造函数
        _____；  // 补充完善，无参构造函数
        void getaddress（）{    cout<<address<<endl;          }
        void getfull_name（）{    cout<<full_name<<endl;          }
};
class student:public swust
{
private:
        string grade；
        string major；
public:
        _____；  // 补充完善，有参构造函数
        _____；  // 补充完善，无参构造函数
        void getgrade（）{    cout<<grade<<endl; }
```

```
        void getmajor（）；{    cout<<major<<endl；}
};
void main（）
{
        student stu；// 思考：派生类对象如何初始化其数据成员？
        cout<<"the information of stu:\n"；
        stu.getaddress（）；
        stu.getfull_name（）；
        stu.getmajor（）；
        stu.getgrade（）；
}
```

2. 编写程序。已知一个 palindromic 类，可以判断一个数是否为回文数。 现要求：将 palindromic 类作为基类，派生出一个新类，可以实现某一范围内回文数的判断，如寻找并输出 11~3 000 的数 m，它满足 m、m^2 和 m^3 均为回文数。

7 类的多态性

多态性的概念与类型；多态性的动态实现——虚函数；多态性的静态实现——函数重载；纯虚函数与抽象类的概念与实现。

[**重点**]

掌握运算符的重载与应用；掌握虚函数的应用；掌握纯虚函数的应用。

[**难点**]

运算符重载为类的成员函数，实现数据运算；运算符重载为类的非成员函数，实现数据运算；使用虚函数解决多继承类中的二义性问题。

[**基本要求**]

识记：多态性的概念；运算符重载概念；虚函数概念；抽象类与纯虚函数概念。

领会：类的多态性的不同实现方式，运算符重载的编程实现与使用；虚函数的概念、应用范围与编程实现。

简单应用：定义一个基类，再定义一个派生类，二者有相同的成员函数，通过基类对象指针访问之，掌握虚函数的定义与使用。

综合应用：定义具有运算符重载的复杂类，将运算符重载为类的成员函数或非成员函数，实现数据运算。

7.1 内容提要

7.1.1 多态性

1. 多态性的概念

多态性主要表现在函数调用时实现"一种接口，多种方法"。

多态性包括编译时多态性和运行时多态性。静态多态性是通过重载机制来实现；动态多态性是通过虚函数机制来实现。

2. 动态多态性——虚函数

在定义基类时在一个成员函数声明的开始位置加上关键字 virtual，就可把该成员函数声明为虚函数。

派生类中名字、参数个数、参数类型和返回类型都相同的成员函数即使前面没有 virtual 也自动视为虚函数。

在程序运行时使用虚函数的方法是：

①定义一个基类指针。

②如果基类指针对象指向基类对象时，系统就调用基类中的成员函数。

③若基类指针对象指向派生类对象时，系统就调用派生类中的成员函数。

例如，基类 A 与派生类 B 中都有同名函数 Show（），将 Show（）函数声明为虚函数。

```cpp
#include <iostream>
using namespace std;
class A
{
public:
        // 虚函数第一次在基类中定义时，不能省略关键字
        virtual void Show（）{cout<<"A::Show\n"；}
};
class B:public A
{
public:
        // 虚函数在派生类中重新定义时，virtual 可以省略
        void Show（）{cout<<"B::Show\n"；}
};
void main（）
{
        A a,*pa；// 定义基类对象及对象指针
        B b；// 定义派生类对象
        pa=&a；pa->Show（）；// 到底执行哪个类的成员函数由指针决定
        pa=&b；pa->Show（）；
}
```

程序运行结果：

```
A::Show
B::Show
请按任意键继续. . . _
```

注意：

①基类必须指出希望派生类重写哪些函数，定义为 virtual 的函数是基类期待派生类重新定义的，基类希望派生类继承的函数不能定义为虚函数。

②基类通常应将派生类需要重定义的任意函数定义为虚函数。

③派生类中虚函数的声明必须与基类中的定义方式完全匹配。

④static 成员函数不可以声明为虚函数。

⑤非成员函数不需要声明为虚函数，虚函数只有在类层次中才有意义。

⑥构造函数不可以声明为虚函数。

⑦析构函数可以声明为虚函数。

⑧虚函数一般不声明为内联函数，因为对虚函数的调用需要动态绑定，而对内联函数的处理是静态的。

3. 纯虚函数

不定义具体实现的成员函数称为纯虚函数，纯虚函数不能被调用，仅提供一个与派生类相一致的接口作用：

　　virtual 类型 函数名（参数表）=0;

举例：

```
#include <iostream>
using namespace std;
class B0    // 抽象基类 B0
{
    public:
            virtual void display（ ）=0;  // 纯虚函数成员
};
class B1: public B0
{
    public:
            void display（ ）{cout<<"B1::display（ ）"<<endl; }
};
class D1: public B1
{
    public:
            void display（ ）{cout<<"D1::display（ ）"<<endl; }
};
void function（B0 *ptr）      // 普通函数
{   ptr->display（ ）; }
void main（ ）
{
    B0 *p;          // 声明抽象基类指针
```

```
    B1 b1;
    D1 d1;
    p=&b1;
    function（p）;          //调用派生类 B1 函数成员
    p=&d1;
    function（p）;          //调用派生类 D1 函数成员
}
```

4. 抽象类

一个类如果满足以下两个条件之一就是抽象类：

①包含有纯虚函数的类；

②定义了一个 protected 访问属性的构造函数或析构函数。

7.1.2 运算符重载

①运算符重载是行为操作还是属性操作？

②运算符重载属于哪种多态？

③行为操作用什么实现？

1. 运算符重载

重载一个运算符，就是编写一个运算符函数，使程序更易理解。重载运算符（函数）的原型为：

数据类型 operator 运算符（形参表）

例如： complex operator +（complex &c2）;

举例：在 complex 类中重载运算符 +、-，使其当做 complex 类的成员函数，完成复数的加、减。

```
#include <iostream>
using namespace std;
class complex          //复数类声明
{
private:
        double m_real;  //复数实部
        double m_imag;  //复数虚部
public:
        complex（double r=0.0,double i=0.0）
```

```
        {m_real=r； m_imag=i； }
        complex operator － （complex &c2）； //－ 重载为成员函数
        complex operator + （complex &c2）； //+ 重载为成员函数
        void display（）； // 输出复数
};
complex complex::operator － （complex &c2）
{
        complex c；
        c.m_real= this->m_real －c2.m_real；
        c.m_imag= this->m_real －c2.m_imag；
        return c；
}
complex complex::operator + （complex &c2）
{
        complex c；
        c.m_real=this->m_real+c2.m_real；
        c.m_imag=this->m_imag+c2.m_imag；
        return c；
}
void complex::display（）
{ cout<< "（." <<m_real<< "," <<m_imag<<"）"<<endl； }
void main（）
{
        complex c1（5,4）,c2（2,10）,c3；
        c3=c1－c2；
        cout<<"c3=c1－c2=";
        c3.display（）；
        c3=c1+c2；
        cout<<"c3=c1+c2=";
        c3.display（）；
}
```

程序运行结果：

```
c3=c1-c2=(3, -6)
c3=c1+c2=(7, 14)
Press any key to continue
```

2. 单目运算符重载为成员函数

（1）前置单目运算符重载

数据类型　operator ++（）

（2）后置单目运算符重载

重载为类的成员函数时添加一个 int 类型形参，即：

数据类型　operator ++（int）

举例：重载前置运算符 ++（）与后置 ++（int），完成复数的自加。

```cpp
#include <iostream>
using namespace std;
class complex
{
private:
        int m_real;
        int m_imag;
public:
        complex（int r=0,int i=0）
        {m_real=r;  m_imag=i; }
        complex operator++（）;  //前置自加
        complex operator++（int）;  //后置自加
        void display（）
        {cout<<m_real<<"；"<<m_imag<<endl; }
};
complex complex:: operator++（）
{
        this->m_real++;
        this->m_imag++;
        return *this;
}
complex complex:: operator++（int）
{
        complex old=*this;
        ++（*this）;
        return old;
}
void main（）
{
```

```
        complex first,third;
        complex second（3,5）;
        ++first;
        first.display（）;
        second=third++;
        second.display（）;
}
```

程序运行结果：

```
(1, 1)
(0, 0)
Press any key to continue
```

7.2 编程实验

7.2.1 实验目的

①掌握多态性的分类。

②动态多态性——虚函数。

③静态多态性——函数重载。

7.2.2 实验任务

1. 分析以下程序，改正程序错误，写出程序输出结果，并按要求回答以下问题：

①分析含有虚函数的类的结构特点。

②输出结果中为什么类 A 是 8 个字节，类 B 是 12 个字节？

③程序是否能够正确输出，若不能正确输出，为什么？

```cpp
#include <iostream>
using namespace std;
class A
{
public:
        int a;
        A（）        {a=2; }
        int geta（）            {return a; }
        virtual void show（）            {cout<<"a="<<a<<endl; }
```

```
};
class B:public A
{
public:
        int b;
        B（）{b=6；}
        int getb（）{ return b；}
         void show（）      {
           A::show（）；
            cout<<"b="<<b<<endl；
        }
};
void main（）
{
        A first,*p1；
        B second,*p2；
        cout<<"sizeof（A）="<<sizeof（A）<<"  sizeof（p1）="<<sizeof（p1）
<<endl；// 思考：输出结果是什么？
        cout<<"sizeof（B）="<<sizeof（B）<<" sizeof（p2）="<<sizeof（p2）
<<endl；
        p1=&second；
        p1->show（）；
   cout<<p1->geta（）<<endl；// 思考：程序是否能够正确输出，若不能正确输出，
为什么？
        p2=&second；
        cout<<p2->getb（）<<endl；
}
```

2. 分析以下程序，写出程序运行结果，说明为什么要把析构函数声明为虚函数。

```
#include <iostream>
using namespace std;
class A{
public:
    A（）；
    virtual~A（）；
};
A::A（）{}
```

```cpp
A::~A（）{ cout<<"Delete class APn\n";  }
class B : public A{
public:
    B（）;
    ~B（）;
};
B::B（）{ }
B::~B（）{cout<<"Delete class BPn\n";  }
int main（）
{
        A *b=new B;  //思考：如果把 A 类中的析构函数前的 virtual 去掉（即不声
明为虚析构函数），通多基类对象指针是否会正确释放派生类对象所占内存？
        delete b;
        return 0;
}
```

3. 已有抽象类 Shape，在此基础上派生出类 Rectangle 和 Circle，二者都有计算对象面积的函数 getArea（），计算对象周长的函数 getPerim（）。调试下列程序，现要求：

①分析程序，简要画出基类与派生关系图。

②完善程序，写出派生类的有参与无参构造函数。

③主函数中定义基类指针，调用派生类计算周长和面积函数。

④回答程序中相应思考题。

```cpp
#include <iostream>
#include <cstring>
using namespace std;
class Shape
{
private:
        string name;
public:
        Shape（）            {
            cout << "the shape:";
            cin >> name;
        }
        Shape（string namx）:name（namx）
```

```
        {   cout << "The shape : " << name << endl;              }
            virtual void GetPerim ( ) = 0;   // 纯虚函数
            virtual void GetArea ( ) = 0;   // 纯虚函数
};
class Rectangle : public Shape
{
private:
            int width,height;
public:
            // 派生类有参构造函数如何写?

            _____ ;

            Rectangle ( )
            {
                cout << "Input Rectangle's width and height" << endl;
                cin >> width;
                cin >> height;
            }
            void GetArea ( )  // 思考：这是虚函数吗?
            {
                cout << "Rectangle Area=" << width * height << endl;
            }
            void GetPerim ( )  // 思考：这是虚函数吗?
            {
                cout << "Rectangle Perim=" << 2 * ( width + height ) << endl;
            }
};
class Circle:public Shape {
private:
            float radius;
public:
            // 派生类有参构造函数如何写?

            _____ ;

            Circle ( ) {
                cout << "input Circle's radius:\n";
```

```
            cin >> radius;
        }
        void GetArea（） // 思考：这是虚函数吗？
        {
            cout << "Circule Area=" <<（3.14f * radius * radius）<< endl;
        }
        void GetPerim（） // 思考：这是虚函数吗？
        {
            cout << "Circle Perim=" <<（2 * 3.14f * radius）<< endl;
        }
    };
    int main（）
    {
            Shape* pa, * pb; // 基类对象指针
            Rectangle ra（" 长方形 ", 5, 6）;
            _____; // 通过基类对象指针访问 Rectangle 虚函数
            Circle ci（" 圆形 ", 2）;
            _____; // 通过基类对象指针访问 Circule 虚函数
    }
```

4. 编写一个人员类 Person 和学生类 Student 的数据输入和显示程序，均有带参构造函数，无参构造函数，显示函数等。Person 有编号、姓名、性别、年龄，学生数据有编号、姓名、性别、年龄、系别和成绩。现要求：

① Person，作为学生类 Student 的基类，二者都有显示函数 show（）显示数据，在 Person 类将 show（）设成虚函数。

②写程序前简要画出类的继承与派生结构。

③编写程序，主函数中使用基类指针，分别调用基类与派生类虚函数 show（）显示其信息。

5. 编写一个 Point 类，在该类中添加前置和后置单目运算符 ++ 成员函数。现要求：

①定义 Point 类，有带参构造函数，完善复制构造函数。

②完善前置与后置自增 ++ 运算符重载函数。

③测试前置与后置自增 ++，给出运行结果。

7.2.3 实验步骤

①新建一个空的工程项目 lab_10，向其中添加一个 C++ 源文件 first.cpp（方法见实

验 1），输入实验任务中第 1 题的代码，检查无误后编译运行源程序，观察输出结果并回答思考题。

②完成第 1 题后，在工程项目 lab_10 中添加第二个 C++ 源文件 second.cpp（此前先将 first.cpp 中的主函数部分注释掉，以保证一个工程项目中只有一个主函数），输入实验任务中第 2 题的代码，检查无误后编译运行源程序，观察输出结果并回答思考题。

③按以上步骤依次完成后续实验任务。

7.2.4　分析与讨论

1. 什么是多态？多态的分类有哪些？

2. 什么是虚函数？虚函数的作用是什么？

3. 什么是纯虚函数？什么是抽象类？

4. 哪些函数可以声明为虚函数？哪些函数不可以声明为虚函数？

7.3　习　题

选择题

1.（单选题）以下关于虚函数的描述中，正确的是（　　　）。

　A. 虚函数是一个 static 类型的成员函数

　B. 虚函数是一个非成员函数

　C. 基类中说明了虚函数后，派生类中将其对应的函数可不必说明为虚函数

　D. 派生类的虚函数与基类的虚函数具有不同的参数个数和类型

2.（多选题）下面关于虚函数的描述中，说法正确的是（　　　）。

　A. 虚函数行为是在运行期间确定实际类型的

　B. 虚函数的执行依赖于虚函数表

　C. 构造函数不能是虚函数

　D. 析构函数不能是虚函数

3.（单选题）以下关于虚函数的描述中，正确的是（　　　）。

　A. 通过类派生类对象指针，调用虚函数

　B. 通过基类对象指针可以调用非虚函数

　C. 派生类的虚函数与基类的虚函数具有不同的参数个数和类型

　D. 通过虚函数，类体系获得了多态性支持

4.（单选题）以下关于纯虚函数和抽象类的描述中，错误的是（　　　）。

　A. 纯虚函数是一种特殊的虚函数，它没有具体的实现

B. 抽象类是指具有纯虚函数的类

C. 一个基类说明有纯虚函数，该基类的派生类一定不再是抽象类

D. 抽象类只能作为基类来使用，其纯虚函数的实现由派生类给出

5. （多选题）对于纯虚函数描述正确的是（　　　）。

A. 含有纯虚函数的类不能被声明对象，这些类被称为抽象类

B. 继承抽象类的派生类可以被声明对象，但要在派生类中完全实现基类中所有的纯虚函数

C. 继承抽象类的派生类可以被声明对象，不需要实现基类中全部纯虚函数，只需要实现在派生类中用到的纯虚函数

D. 虚函数和纯虚函数是一样的，没什么区别

8 流类库与输入输出

[知识点]

I/O 流的概念及流类库结构；输出流；输入流；输入输出流。

[重点]

构造输出流对象；文件输出流成员函数；二进制输出文件；字符串输出流；构造输入流对象；输入流相关函数；字符串输入流。

[难点]

构造输入输出流对象，实现二进制输入 / 输出、字符串输入 / 输出文件。

[基本要求]

识记：I/O 流的概念及流类库结构；常用的文件输入 / 输出流成员函数。

领会：构造输入输出流对象，实现二进制输入 / 输出、字符串输入 / 输出文件的编程实现。

简单应用：编写简单的文件数据读 / 写程序。

综合应用：编写一个综合实例程序，完成数据的文件存储与读取功能。

8.1 内容提要

8.1.1 I/O 流的概念及流类库结构

I/O 流类库是 C 语言中 I/O 函数在面向对象的程序设计方法中的一个替换产品。流是一种抽象，它负责在数据的生产者和数据的消费者之间建立联系，并管理数据的流动。

1. I/O 流类库

C++ 编译系统提供了用于输入输出的 iostream 类库。iostream 类库中包含许多用于输入输出的类。常用的见表 8.1。

表 8.1 I/O 类库中的常用流类

类　名	作　用	包含文件
ios	流基类	ios
istream	通用输入流类和其他输入流的基类	istream
ifstream	文件输入流类	fstream
istringstream	字符串输入流类	sstream

续表

类　名	作　用	包含文件
ostream	通用输出流类和其他输出流的基类	ostream
oftream	文件输出流类	fstream
ostringstream	字符串输出流类	sstream
iostream	通用输入输出流类和其他输入输出流的基类	istream
fstream	文件输入输出流类	fstream
stringstream	字符串输入流类	sstream
sreambuf	抽象流缓冲区基类	streambuf
filebuf	磁盘文件的流缓冲区类	fstream
stringbuf	字符串的流缓冲区类	sstream

表 8.1 中 ios 是抽象基类，由它派生出 istream 类和 ostream 类，两个类名中第一个字母 i 和 o 分别代表输入（input）和输出（output）。istream 类支持输入操作，ostream 类支持输出操作，iostream 类支持输入输出操作。iostream 类是从 istream 类和 ostream 类通过多重继承而派生的类。

2. 输出流

一个输出流对象是信息流动的目标，最重要的三个输出流是 ostream, ofstream 和 ostringstream。

预先定义的 ostream 类对象用来完成向标准设备的输出，包括：

● cout 标准输出流；

● cerr 标准错误输出流，没有缓冲，发送给它的内容立即被输出；

● clog 类似于 cerr，但有缓冲，缓冲区满时被输出。

ofstream 类支持磁盘文件输出。如果需要一个只输出的磁盘文件，可以构造一个 ofstream 类对象。在打开文件之前或之后可以指定 ofstream 对象接收二进制或文本模式数据。

3. 构造输出流对象

ofstream 类支持磁盘文件输出，如果在构造函数中指定一个文件名，当构造这个文件时该文件是自动打开的。否则，需要在调用默认构造函数之后使用 open 成员函数打开文件，或者在一个由文件指示符标识的打开文件基础上构造一个 ofstream 对象。

ofstream 语句的一般格式为：

ofstream 自定义对象名（磁盘文件名，文件输入方式）；

举例：

ofstream fout1（"F: //data.txt",ios::out）；// fout1 为用户自定义的对象名，ios::out 是默认的输出方式

也可以在调用默认构造函数之后使用 open 成员函数打开文件，如：

ofstream myFile；// 声明一个静态输出文件流对象

myFile.open（"filename",iosmode）；// 打开文件，使流对象与文件建立联系

ofstream* pmyFile = new ofstream；// 建立一个动态的输出文件流对象

pmyFile->open（"filename",iosmode）；// 打开文件，使流对象与文件建立联系

4. 输入流

重要的输入流是 istream， ifstream 和 istringstream。

istream 类最适合用于顺序文本模式输入，cin 是其派生类 istream_withassign 的对象。

ifstream 类支持磁盘文件输入，可以指定使用二进制或文本模式。

istringstream 类用于执行 C++ 风格的串流的输入操作。

5. 输入流对象

如果仅使用 cin 对象，则不需要构造输入流对象，如果要使用文件流从文件中读取数据，就必须构造一个输入流对象。

ifstream 语句的一般格式为：

ifstream 自定义对象名（磁盘文件名,文件输出方式）；

建立一个输入文件流的常用方式如下：

①如果在构造函数中指定一个文件名，在构造该对象时该文件便自动打开，例如：

ifstream myFile（"filename",iosmode）；// 打开文件 filename

②使用默认构造函数建立对象，然后调用 open 成员函数打开文件，例如：

ifstream myFile；// 建立一个文件流对象

myFile.open（"filename",iosmode）；// 打开文件 filename

或者：

ifstream* pmyFile=new ifstream；// 动态建立一个文件流对象，获取对象指针

pmyFile->open（"filename",iosmode）；// 用对象指针调用 open 函数打开文件

注意：

①可以用流插入运算符"<<"和流提取运算符">>"输入输出标准类型的数据，也可以用文件流的 put、get、geiline 等成员函数进行字符的输入输出。

举例：
```
#include <iostream>
#include <fstream>
using namespace std;
```

```
int main（）
{
    ofstream fout（"F: //data.txt",ios::app）；// fout 为用户自定义的一个输出流对象
和自定义文件 date.txt 关联；ios::app 表示在打开文件末尾添加内容
    if（!fout）// 如果打开文件失败
    {
        cout << "open error" << endl；// 显示设备上输出字符串 "open error"
        return 0；
    }
    fout<<"Hello!"<<endl；// 使用流插入运算符 "<<" 向文件中输入字符串
"Hello!"
    fout.close（）；// 关闭文件
    ifstream fin（"F: //data.txt", ios::in）；// 读文件，读文件模式默认是 ios::in
    char ch；
    while（fin.get（ch））
    {
        cout << ch；
    }
    fin.close（）；
    return 0；
}
```

②在对已打开的磁盘文件的读写操作完成后，必须要关闭该文件，如上例中的 fout.close（），fin.close（）。

③文件打开都有一个文件指针，该指针的初始位置由 I/O 方式指定，每次读写从文件指针的当前位置开始，每读入一个字节，指针就后移一个字节。当文件指针移到最后，就会遇到文件结束 EOF（文件结束符也占一个字节，其值为 -1），此时流对象的成员函数 eof 的值为非 0 值（一般设为 1），表示文件结束了。通过指针也可以完成文件操作。

举例：
```
#include <iostream>
#include <fstream>
using namespace std;
int main（）
{
    char *fname= "d:/file1.txt"；// 定义文件指针 fname
    char buff［1024］= {0};
```

```
/********** 写文件 ***********/
ofstream fout（fname,ios::out）；// 定义输出流 ofstream 对象 fout，通过指针打
开文件
if（!fout）
{
    cout<<" 打开文件失败 "<<fname<<endl;
}
fout<< "hello world !"；// 通过左移运算符写入字符串
fout.flush（）；// 清空缓存区
fout.close（）；
/********** 读文件 ***********/
ifstream fin（fname,ios::in）；// 定义输出流 ifstream 对象 fin，通过指针打开
文件
fin.getline（buff,1024）；// 通过 getline 函数读取字符串
cout<<buff<<endl；// 将字符串内容输出到显示器
fin.close（）；
return 0；
}
```

8.1.2 二进制输出文件

二进制文件中的信息不是字符数据，而是字节中的二进制形式的信息，因此它又称为字节文件。

1. 二进制文件读写操作

对二进制文件的操作也需要先打开文件，用完后要关闭文件。在打开时要用 ios::binary 指定为以二进制形式传送和存储。

对二进制文件的读写主要用 istream 类的成员函数 read 和 write 来实现。这两个成员函数的原型为：

istream & read（char *buffer,int len）；

ostream & write（const char * buffer,int len）；

上述两函数中的字符指针 buffer 指向内存中一段存储空间。len 是读写的字节数。调用的方式为：

a. write（p1,100）；// a 是输出文件流对象，write 函数将字符指针 p1 所给出的地址开始的 100 个字节的内容不加转换地写到磁盘文件中

b. read（p2,50）；// b 是输入文件流对象，read 函数从 b 所关联的磁盘文件中，读入 50 个字节（或遇 EOF 结束），存放在字符指针 p2 所指的一段空间内

举例：将一批数据以二进制形式存放在磁盘文件中。

```cpp
#include <iostream>
#include <fstream>
using namespace std;
struct student
{
char name [20];
int num;
int age;
char sex;
};
int main ()
{
    student stud [3] ={"Li",1,18,'f',"Fang",2,19,'m',"Wang",3,17,'f'};
    ofstream fout（"F: //stud.dat",ios::binary）；  // fout 为用户自定义的一个输出流对
象和自定义文件 stud.dat 关联
    if（!fout）// 如果打开文件失败
    {
        cout << "open error" << endl;  // 显示设备上输出字符串 "open error"
        return 0;
    }
    for（int i=0; i<3; i++）
      fout.write（（char*）&stud [i],sizeof（stud [i]））；  // 将数据写入文件
    fout.close（）；// 使用完关闭文件
    ifstream fin（"F: //stud.dat", ios::in）；// 读文件，读文件模式默认是 ios::in
    for（int i=0; i<3; i++）
    {
      fin.read（（char*）&stud [i],sizeof（stud [i]））；// 读取文件数据
      cout<<stud[i].num<<" "<<stud[i].name<<" "<<stud[i].age<<" "<<stud[i].
sex<<endl; // 数据输出到显示设备
    }
    fin.close（）；// 使用完关闭文件
    return 0;
}
```

2. 随机访问二进制数据文件

一般情况下读写是顺序进行的，即逐个字节进行读写。但是对于二进制数据文件来说，可以利用上面的成员函数移动指针，随机地访问文件中任一位置上的数据，还可

以修改文件中的内容。

　　一般情况下读写是顺序进行的，即逐个字节进行读写。但是对于二进制数据文件来说，可以利用上面的成员函数移动指针，随机地访问文件中任一位置上的数据，还可以修改文件中的内容。

　　举例：有个学生的数据，要求把它们存到磁盘文件中；将磁盘文件中的第1，3，5个学生数据读入程序，并显示出来。

　　要实现以上要求，需要解决几个问题：

　　①由于同一磁盘文件在程序中需要频繁地进行输入和输出，因此可将文件的工作方式指定为输入输出文件，即 ios::in|ios::out|ios::binary；。

　　②正确计算好每次访问时指针的定位，即正确使用 seekg 或 seekp 函数。

　　③正确进行文件中数据的重写（更新）。

　　代码示例：

```
#include <iostream>
#include <fstream>
using namespace std;
struct student
{
    char name [20];
    int num;
    int age;
    char sex;
};
int main ()
{
    student stud [5] ={"Li",1,18,'f',"Fang",2,19,'m',"Wang",3,17,'f',"Zhang",3,17,'f',"Zhao",3,17,'f'};
    ofstream fout ("F://stud.dat",ios::in|ios::out|ios::binary);  // fout 为用户自定义的
一个输出流对象和自定义文件 stud.dat 关联
    if (!fout) //如果打开文件失败
    {
        cout << "open error" << endl;  //显示设备上输出字符串 "open error"
        return 0;
    }
    for (int i=0; i<5; i++)
        fout.write (((char*) &stud [i],sizeof (stud [i]));  //将数据写入文件
    fout.close ();  //使用完关闭文件
```

```
        student stud1［5］; //用来存放从磁盘文件读入的数据
        ifstream fin（"F://stud.dat", ios::inlios::outlios::binary）; //读文件
            for（int i=0; i<5; i=i+2）
        {
                fin.seekg（i * sizeof（stud［i］）,ios::beg）; //定位于第 0,2,4 个学生数据
开头
            //先后读入学生的数据,存放在 stud1［0］,stud［1］和 stud［2］中
            fin.read（（char*）&stud1［i/2］,sizeof（stud1［i/2］））; //读取文件数据
                //输出 stud1［0］,stud［1］和 stud［2］各成员的值
            cout<<stud1［i/2］.num<<" "<<stud1［i/2］.name<<" "<<stud1［i/2］.age<<"
"<<stud［i/2］.sex<<endl; //数据输出到显示设备
        }
        cout<<endl;
        fin.close（）; //使用完关闭文件
        return 0;
    }
```

程序运行结果:

```
1 Li 18 f
3 Wang 17 m
3 Zhao 17 f
```

8.2 编程实验

8.2.1 实验目的

①掌握文件输入输出流对象的使用。
②掌握二进制输出文件的操作。
③常用的输出流成员函数。

8.2.2 实验任务

1.分析完善以下程序,使用 I/O 流以文本方式建立一个文件 test.txt,写入字符 "Hello World!",现要求:

①用其他字处理程序（例如 windows 的记事本程序 Notepad）打开,看看是否正确写入。

②使用 I/O 流以文本方式打开建立的文件 test.txt,读出其内容显示出来,看看是否

正确？

③在次此文件后面添加字符"已成功添加字符！"，然后读出整个文件的内容显示出来，看看是否正确？

```
#include <iostream>
#include <fstream>
using namespace std;
void main（）
{
        ofstream file1（"F://test.txt"）;
        file1 << " Hello World!";
        file1.close（）;

        _____; //补充完善程序，打开文件读取内容并显示
        _____; //补充完善程序，打开文件，在文件后面添加
字符"已成功添加字符！"
}
```

2. 分析完善以下程序，下题中学生的数据为 Student 类定义的数组，现要求：

①把它们存到磁盘文件中。

②将第 n 个学生的数据修改后存回磁盘文件中的原有位置；从磁盘文件读入修改后的个学生的数据并显示出来。

```
#include <iostream>
#include <fstream>
#include <string>
using namespace std;
class Student // 学生类
{
public:
Student （int num=0, string nam=" ", float s=0）//默认形参构造函数
  {
        number = num;
        name = nam;
        score = s;
  }
  void display （）; //输出学生信息
  void reset （int n,string na,float s）; //重新设置学生信息
private:
        int number; //学生编号
```

```
        string name；  // 学生姓名
        float score；  // 学生成绩
};
void Student::display（）
{     cout <<number <<":"<< name<<" "<< score<< endl；}
void Student::reset（int n,string na,float s）{
        number=n；
        name=na；
        score=s；
}
int main（）
{
    ............ // 补充完善程序
return 0；
}
```

3.声明一个个人银行账户管理类，类中包括设置账户、存款、取款、结算利息等基本功能，根据需要完善其类内成员信息，现要求：

①所有账户的总金额为静态数据成员。

②主函数中建立 3 个账户对象，随机设置 10 天内的存、取款信息，计算输出各账户的结算利息，以及所有账户的总金额。

③将账户信息存于文件中。

8.2.3 实验步骤

①新建一个空的工程项目 lab_11，向其中添加一个 C++ 源文件 first.cpp（方法见实验 1），输入实验任务中第 1 题的代码，检查无误后编译运行源程序，观察输出结果并回答思考题。

②完成第 1 题后，在工程项目 lab_11 中添加第二个 C++ 源文件 second.cpp（此前先将 first.cpp 中的主函数部分注释掉，以保证一个工程项目中只有一个主函数），输入实验任务中第 2 题的代码，检查无误后编译运行源程序，观察输出结果并回答思考题。

③按以上步骤依次完成后续实验任务。

8.2.4 分析与讨论

1.什么是 I/O 流？流对象的作用是什么？

2.如何构造文件输出流对象？常用的输出文件流成员函数有哪些？

3.如何构造文件输入流对象？常用的输入文件流成员函数有哪些？

8.3 习 题

一、选择题

1.（单选题）下面关于 C++ 流的叙述中，正确的是（　　）。

    A. cin 是一个输出流对象

    B. 可以用 if stream 定义一个输出流对象

    C. 执行语句序列 char*y="Hello!"；cout << y；将输出字符串 "Hello!" 的地址

    D. 执行语句序列 char x［80］；cin.getline（x，5）；cout<<x；时，若键入 "Hello World!"，则输出的字符串是 "Hell"

2.（多选题）在 I/O 控制方式的发展过程中，I/O 控制方式有（　　）。

    A. 程序直接控制法

    B. 终端控制方式

    C. DMA 方式

    D. 通道控制方式

二、主观题

1. 阅读以下程序，分析 new 和 malloc 的区别。

```
#include <iostream>
using namespace std;
class A
{
public:
    A（）{ printf（"A"）; }
};
  int main（）
{
    A *p1 = new A;
    A *p2 =（A *）malloc（sizeof（A））;
    delete p1;
    free（p2）;
    return 0;
}
```

2. 编写程序，提示用户输入一个十进制整数，分别用十进制、八进制和十六进制形式输出。

3. 思考并回答以下问题：

①为了方便用户实现文件操作，C++ 提供了 3 个文件流类，它们分别是什么？

②在对文件进行读写操作之前，先要打开文件。打开文件有两种方式，一种是调用流对象的 open 成员函数打开文件；一种是定义文件流对象时，通过构造函数打开文件，请举例写出并说明。

4.分析完善程序：主函数创建一个文件对象，每次打开文件，在其尾部添加数据。如果文件不存在，则新建该文件。请将空白处需要完善的功能补充完整。

```
#include <iostream>
#include <fstream> // 调用文件类库文件
using namespace std
int main（ ）
{
    std::ofstream fout（ "fang.txt" ,ios::app）; // 使用构造函数创建对象并打开文件
    _____// 以另外一种方式创建对象并打开，即调用 open 函数
    fout << "adfwadd" << "," << "\n";
    _____// 在上一句的基础上输出 "Hello world!"
    _____// 关闭文件
    return 0;
}
```

5.分析完善程序：主函数创建一个文件对象，打开文件后向文件写入一个字符串。请将空白处需要完善的功能补充完整。

```
#include <iostream>
#include <fstream> // 调用文件类库文件
using namespace std
int main（ ）
{
    const char *url ="http: //c.biancheng.net/cplus/";
    fstream fs; // 创建一个 fstream 类对象
    fs.open（ "test.txt", ios::out）; // 将 test.txt 文件和 fs 文件流关联
    _____// 向 test.txt 文件中写入 url 字符串
    fs.close（ ）; // 关闭文件
    return 0;
}
```

6.分析完善程序：主函数创建一个文件对象，打开文件后向文件写入一个字符串。请将空白处需要完善的功能补充完整。

```
void main（ ）
{
    int a, b;
```

```
ifstream fin（"data.txt"）; //创建输入流对象 fin 与读取文件 data.txt 关联
if（!fin）
{//如果读取失败，打印 fail
    cerr << "fail" << endl;
    return −1;
}
fin >> a >> c>>b; //从文件读取的东西写入给变量
_____; //将变量的值输出到显示器上
fin.close（）; //关闭文件
a++; b++;
cout << "change a = " << a << endl; //将变化后的变量值输出到显示器上
cout << "change b = " << b << endl;
_____; //创建输出流对象 fout 与 data2.txt 文件关联
_____; //将变量的值写入文 data2.txt 件
fout.close（）; //关闭文件
}
```

7. 分析完善程序：主函数动态创建一个 n 行 m 列的二维数组，读取文件 "a.txt" 中的数据（"a.txt" 需要提前建好，并写有数据），显示在显示器上。请将空白处需要完善的功能补充完整。

```
void main（）
{
    int n=100,m=4; //n 行 m 列
    cin>>n>>m; //输入行列
    int i,j;
    int **a;
    a=new int*［n］; //动态申请二维数组
    for（i=0; i<n; i++）
        a［i］=new int［m］;
    ifstream fin（"a.txt"）; //打开文件
    _____; //将文件中的数据读入二维数组 a［i］［j］
    _____; //关闭文件
    _____; //显示器输出读入的数据
    _____; //释放动态二维数组内存空间
}
```

8. 分析完善程序：创建一个人员管理类，使其具备基本的信息保存、文件读取功能。请将空白处需要完善的功能补充完整。

```cpp
#include <iostream>
#include<fstream>
using namespace std;
class date // 日期类
{
    public:
    int m_iyear, int m_imonth, int m_iday; // 数据成员
    date（int year,int month,int day）// 有参构造
    {
    m_iyear=year; m_imonth=month; m_iday=day;
    }
 date（）// 无参构造
 {
    cout<<"please input the date:\n";
    cin>>m_iyear>>m_imonth>>m_iday;
 }
 date（date &dy）// 复制构造
 {
    m_iyear=dy.m_iyear;
    m_imonth=dy.m_imonth;
    m_iday=dy.m_iday;
 }
 void show（）// 输出信息
 {
    cout<<m_iyear<<" 年 "<<m_imonth<<" 月 "<<m_iday<<" 日 "<<endl;
 }
};
class people // 人员类
{
private: // 数据成员
    int m_inum;
    char m_sex［10］;
    date m_birthday;
    char m_id［20］;
public:
    people（）// 无参构造函数
```

```
    {
        cout<<"please input the information:\n";
        cin>>m_inum>>m_sex>>m_id;
    }
    people（int num,char *sex,date birthday,char *id）:m_birthday（birthday）
    {//有参构造函数
        m_inum=num; strcpy（m_sex,sex）; strcpy（m_id,id）;
    }
    void show（）; //显示输出到显示设备函数
    void save（）; //存文件函数
    void input（）; //读文件内容函数
};
void people::show（） //显示输出到显示设备函数类外实现
{
    cout<<"\nthe information:"<<endl;
    cout<<"the num:"<<m_inum<<endl;
    cout<<"the sex:"<<m_sex<<endl;
    cout<<"the birthday: ";
    m_birthday.show（）;
    cout<<"the id:"<<m_id<<endl;
}
void people::save（） //数据存文件函数类外实现
{
    ofstream fout（"second.txt",ios::app）; //根据实际设定,ios::app 可以保证每次的数据
不被覆盖
    fout<<"\n————————————————————"<<endl;
    fout<<"the information:"<<endl; //标题写入文件
    fout<<"the num:"<<m_inum<<endl;
        fout<<"the sex:"<<m_sex<<endl;
        fout<<"the birthday:"<<m_birthday.m_iyear<<" 年 "<<m_birthday.m_imonth<<" 月
"<<m_birthday.m_iday<<" 日 "<<endl;
        fout.close（）;
}
void people::input（） //读文件函数类外实现
{
    ifstream fin（"num.txt"）; //根据实际设定
```

```
        fin>>m_inum>>m_sex>>m_id;
        fin>>m_birthday.m_iyear>>m_birthday.m_imonth>>m_birthday.m_iday;
        cout<<"\n————————————————"<<endl;  //输出信息到显示屏幕
        cout<<"the information:"<<endl;  //标题写入文件
        cout<<"the num:"<<m_inum<<endl;
        cout<<"the sex:"<<m_sex<<endl;
        cout<<"the birthday:"<<m_birthday.m_iyear<<" 年 "<<m_birthday.m_imonth<<" 月
"<<m_birthday.m_iday<<" 日 "<<endl;
        fin.close（）;
}
void main（）
{
        _____;  //用人员类 people 创建对象
        _____ //显示信息到输出设备
        _____;  //将该对象信息保存到文件
}
```

9　C++ 模板和泛型程序设计

［知识点］

函数模板的书写与应用；类模板的书写与应用；泛型程序设计概念和术语。

［重点］

函数模板的书写格式；函数模板应用；类模板的不同书写格式与应用；标准模板库；vector 容器的定义、初始化与常用函数。

［难点］

数组类、链表类等线性群体数据类型定义与使用，vector 容器的应用。

［基本要求］

识记：模板函数、模板类概念，泛型程序设计概念和术语，vector 容器概念。

领会：函数模板、类模板的应用，vector 容器的应用，实现数组类模板、链表类模板、vector 容器的编程实现。

简单应用：编写简单的模板类应用程序，主函数使用 vector 容器存放对象信息，处理并输出。

9.1　泛型程序设计的概念和术语

C++ 提高代码可重用性一般体现在两个地方，一个是继承，一个是泛型程序设计中的模板。

泛型程序设计就是指一种算法在实现时不指定特定的数据类型的程序设计方法，也就是说将一些常用的数据结构（如链表，数组，二叉树等）和算法（如排序、查找等）写成模板，以后不论数据结构里放的是什么对象，算法针对什么样的对象，都不必重新实现数据结构及编写算法。

模板可以分为函数模版和类模版两种。

9.1.1　函数模板

思考：

通过函数重载，可以满足不同类型的变量处理，这时可否使用函数模板？

回答是肯定的。功能相同、函数体相同的函数，只是形参的数据类型不同，可将其声明为函数模板。

在函数模板中，数据的值和类型都被参数化了，发生函数调用时编译器会根据传入的实参来推演形参的值和类型。

1. 函数模板的书写

函数模板不是一个实在的函数。定义函数模板后只是一个对函数功能框架的描述，当它具体执行时，将根据传递的实际参数决定其功能。

函数模板是用于生成函数，写法如下：

template <class 类型参数 1, class 类型参数 2, ...>

返回值类型 模板名（形参表）

{函数体}

或者将 class 写为 typename，即：

template <typename 类型参数 1, typename 类型参数 2, ...>

返回值类型 模板名（形参表）

{函数体}

2. 函数模板的应用

举例：设计一个分数类 CFraction，再设计一个求数组中最大的元素的函数模板，并用该模板求一个 CFmction 数组中的最大元素。

```cpp
#include <iostream>
using namespace std;
template <class T> //声明函数模板
T MaxElement (T a [ ], int size) //定义函数体，函数功能：找出数组中的最大值
{
    T tmpMax = a [ 0 ];
    for (int i = 1; i < size; ++i)
        if (tmpMax < a [ i ])
            tmpMax = a [ i ];
    return tmpMax;
}
class CFraction    //分数类
{
public:

    int numerator; //分子
    int denominator; //分母
    CFraction (int n, int d) :numerator (n), denominator (d) {}; //有参构造
    bool operator < (const CFraction & f) const // "<" 运算符重载函数
```

```
    { // 为避免除法产生的浮点误差，用乘法判断两个分数的大小关系
        if （denominator * f.denominator > 0）
            return numerator * f.denominator < denominator * f.numerator;
        else
            return numerator * f.denominator > denominator * f.numerator;
    }
    bool operator == （const CFraction & f）const // "==" 运算符重载函数
    { // 为避免除法产生的浮点误差，用乘法判断两个分数是否相等
        return numerator * f.denominator == denominator * f.numerator;
    }
    friend ostream & operator << （ostream & o, const CFraction & f）；  // 友元函数
};
ostream & operator << （ostream & o, const CFraction & f）// 友元函数实现
{ // 重载 << 使得分数对象可以通过 cout 输出
    o << f.numerator << "/" << f.denominator；  // 输出 " 分子 / 分母 " 形式
    return o；  // 返回值为输出流对象
}
int main （）
{
    int a［5］ = { 1,5,2,3,4 }；
    CFraction f［4］ = { CFraction（8,6）,CFraction（-8,4）,
        CFraction（3,2）, CFraction（5,6）}；
    cout << MaxElement（a, 5）<< endl；
    cout << MaxElement（f, 4）<< endl；  // 调用 " << " 重载运算符，以分数形式
输出
    return 0；
}
```

9.1.2 类模板

有时，有两个或多个类，其功能是相同的，仅仅是数据成员数据类型不同，此时可以声明类模板解决同类问题。

1. 类模板的书写与应用
类模板分为单个类模板和有继承关系的类模板。
（1）单个类模板语法
不继承其他类的单独类，使用该类定义对象时，确定其数据成员类型。

举例1：

```
template<typename T> // 声明类模板
 class A
 {
 public:
     A（T t）{ this->t = t; }
     T &getT（）{ return t; }
 void printAA（）{cout<<t; }
 private:
     T t; // 类中数据成员类型参数化
 };
 void main（）
 {
 // 模板中如果定义了构造函数，则遵守以前类的构造函数的调用规则
     A<int> a（100）; // 基类对象，使用时确定数据成员类型
     a.getT（）;
     a.printAA（）;
 }
```

（2）有继承与派生关系的类模板语法

可在派生类继承时确定基类模板对象的数据成员类型，也可在使用派生类定义对象时，确定其类模板的数据成员类型。

举例2：

```
template<typename T> // 声明类模板
 class A
 {
  public:
     A（T t）{ this->t = t; }
     T &getT（）{ return t; }
 void printAA（）{cout<<t; }
 protected: // 派生类可以直接访问
     T t; // 类中数据成员类型参数化
 };
 class B : public A<int> // 派生类继承时确定基类数据成员类型
 {
 public:
     B（int i）: A<int>（i）{}
```

```
    void printB（）{ cout<<"A:"<<t<<endl；}
 };
void main（）
 {
     B b（10）；//派生类对象
     b.printB（）；
}
```

举例 3：

```
template<typename T>  // 声明类模板
 class A
 {
 public:
     A（T t）{ this->t = t；}
     T &getT（）{ return t；}
 void printAA（）{cout<<"a:"<<t<< endl；}
 protected:// 派生类可以直接访问
     T t；//基类中数据成员类型参数化
 };
class C :public A<T>   {//派生类继承时不确定基类数据成员类型
 public:
    C（T c,T a）:A<T>（a）{ this->c = c；}
     void printC（）
     { printAA（）；cout << "c:" << c << endl；}
 protected: T c；//派生类中数据成员类型参数化
 };
void main（）
 {
     C<int> c1（1,2）；//派生类定义对象时，确定其类模板的数据成员类型。
     c1.printC（）；
}
```

2. 数组类模板

静态数组的大小在编译时已经确定，运行时无法改变大小，且无法有效避免下标越界。利用类模板可以定义不同类型的数组（如 int 、double 等）。

创建动态的数组类模板代替原生数组需要考虑的问题：

①数组类长度信息：定义一个数组，长度信息必须指定，但是指定之后，长度信

息不能在数组本身中找到，因此需要用另一个变量来保存；

②数组越界问题：数组是一片连续的内存空间，但是原生数组发生越界时，不能立即发现，因此需要数组类能主动发现越界访问，即重载数组操作符，判断访问下标是否合法。

举例：定义类模板，用于描述一个有界的数组。

```cpp
template <class AType>   // 尖括号里是模板参数表
class array   // 定义一个数组类
{ public:
    array（int size）;  // 构造函数
    ~array（）
    {  delete［］a; // 析构函数，释放对象    }
    AType & operator［］（int i）;  // 重载运算符"［］"，判断数组中某个元素是否越界
    {
        if（i<0 || i>length-1）// 若输入 0 或者大于长度，那么越界
        {
            cout<<"\n 这个数 "<<i<<" 越界了，退出程序！\n";
            exit（2）;
        }
        return a［i］;
    }
private:
    int length;  // 数组长度
    AType *a;  // 指针指向数组首地址
};
template <class AType>   // 构造函数类外实现，该条语句不能省
array<AType>::array（int size）//size 为数组的大小
{
    register int i;
    length = size;
    a = new AType［size］;  // 动态创建数组
    if（!a）
    {
        cout<<" 动态空间申请失败！ "<<endl;
        exit（1）;
```

```
    }
    for（ i = 0；i<size ；i++）// 初始化数组中每个元素
        a［i］= 0；
}
void main（）// 主函数使用数组类，实参化模板参数表
{
    array<int> a1（10）；// 定义模板类整型对象 a1，构造函数初始化
    array<double> a2（5）；// 定义模板类双精度型对象 a2
    int i = 0；
    cout<<" 整形数组 :"；
    for（i = 0；i<10；i++）
        a1［i］= i+1；// 对对象 a1 数组元素进行赋值
    for（i = 0；i<10 ；i++）
        cout<<a1［i］<<" "；// 输出 a1 数组
    cout<<"\n 双精度数组 :"；
    cout.precision（4）；// 输出小数点后 3 位，第 4 位四舍五入。
    for（ i = 0；i<5；i++）
        a2［i］=（double）（i+1）*3.14；// 对对象 a2 数组元素进行赋值
    for（ i = 0；i<5 ；i++）
        cout<<a2［i］<<" "；// 输出 a2 数组
    cout<<endl；
    a1［20］= 15；// 这里判断 a1［20］越界了，然后调用 AType &　array<AType>::
operator［］（int i），退出程序
    a2［20］= 25.5；// 这条语句并没有执行
}
```

程序运行结果：

```
整形数组  :1  2  3  4  5  6  7  8  9  10
双精度数组:3.14  6.28  9.42  12.56  15.7

这个数 20 越界了,退出程序!
```

3. 链表类模板

链表是一种动态的数据结构，可以用来表示顺序访问的线性群体。

线性表的链式存储结构是用一组任意的存储单元存储线性表的数据元素（这组存储单元可以是连续的也可以是不连续的），因此为了表示每个数据元素与其后继元素的

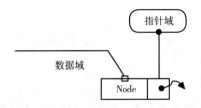

图 9.1　结点结构

逻辑关系，除了存储本身的信息之外，还需要一个存储其直接后继的位置信息。这两部分组成的存储映射，称为结点（Node），如图 9.1 所示。

注意：

①一个链表由若干个结点依次链接构成，其中第一个结点为头结点，最后一个节点的直接后继为 NULL。

②实现一个单链表的第一步就是选择一个合适的结构来实现 node。

举例：定义一个单向链表类模板。

```
template <class T> // 前置申明模板类
  class Node    // 定义一个定义结点模板类 Node 类
{ public:
      Node（T _value） // 构造函数
      {
          value = _value;
          next = NULL;
      }
  public:
      T value；  // 结点数据域
      Node *next；  // 结点指针域，指向后继结点
}；
// 定义链表模板类
template <class T>   // 申明模板类
  class List // 定义 List 类
{ public:
      List（）
      {
          ptr_head=NULL； // 初始化链表头结点
          ptr_tail=NULL；  // 初始化链表尾结点
      }
      void insertnodelist（T _value）；  // 插入结点
```

```
        void printlist ( ) ;   // 输出结点
    public:
        Node<T> * ptr_head;   // 链表头结点
        Node<T> * ptr_tail;   // 链表尾结点
};
// 定义链表模板类
template <class T>   // 类外实现函数时该语句不能省略！
void List<T>::insertnodelist ( T _value )  // 类外实现插入结点函数
{
    int i;
    Node<T> * ptr_new = new Node<T> ( _value );   // 创建新结点
    if ( ptr_head==NULL )
    {
        ptr_head=ptr_new;   // 如果头结点的后继指针为空，则该结点为头结点
    }
    else
    {
        ptr_tail->next = ptr_new;   // 链表尾结点指向新插入的结点
    }
    ptr_tail = ptr_new;   // 新插入的结点变为尾结点
}
// 定义链表模板类
template <class T>   // 类外实现函数时该语句不能省略！
void List<T>:: printlist ( )  // 类外实现输出链表函数
{
    Node<T> * ptr_move = ptr_head;   // 定义一个中间结点指向链表头结点
    while ( ptr_move!=NULL )  // 如果不是链表的尾结点
    {
        cout<<ptr_move->value<<"\t";   // 输出当前结点的数值
        ptr_move = ptr_move->next;   // 指向下一个结点
    }
    cout<<endl;
}
// 主函数实现
int main ( )
{
```

```
        List<int> list；  //定义对象，使用时确定数据成员类型
        int i；
        for（i=0；i<5；i++）//创建链表
        {
            list.insertnodelist（i+1）；  //调用插入结点函数创建 5 个结点，实参初始
化每个结点的数值
        }
        list.printlist（）；  //输出链表
        return 0；
}
```

程序运行结果：

9.1.3 标准模板库（Standard Template Library, STL）

STL 是一些常用数据结构和算法的模板的集合。有了 STL，不必再写大多的标准数据结构和算法，并且可获得非常高的性能。

STL 中的基本概念说明：

（1）容器

可容纳各种数据类型的通用数据结构，是类模板。可变长数组、链表、平衡二叉树等数据结构在 STL 中都被实现为容器。

（2）迭代器

要访问顺序容器和关联容器中的元素，需要通过"迭代器（iterator）"进行。迭代器是一个变量，可用于依次存取容器中元素，类似于指针。*迭代器名就表示迭代器指向的元素。对正向迭代器进行 ++ 操作时，迭代器会指向容器中的后一个元素；对反向迭代器进行 ++ 操作时，迭代器会指向容器中的前一个元素。

（3）算法

STL 提供能在各种容器中通用的算法（大约有 70 种），如插入、删除、查找、排序等。算法就是函数模板。

算法通过迭代器来操纵容器中的元素。许多算法操作的是容器上的一个区间（也可以是整个容器），因此需要两个参数，一个是区间起点元素的迭代器，另一个是区间终点元素的后面一个元素的迭代器。例如，排序和查找算法都需要这两个参数来指明待排序或待查找的区间。例如：

int array［100］；

sort（array,array+70）；//利用迭代器将整型数组 array 中前 70 个元素排序

9.1.4　vector 容器

vector 是一个封装了动态大小数组的顺序容器（Sequence Container）。跟任意其他类型容器一样，它能够存放各种类型的对象。可以简单地认为，vector 是一个能够存放任意类型的动态数组，能够增加和压缩数据。

使用 vector 容器之前必须加上 <vector> 头文件：#include<vector>；。

vector 属于 std 命名域的内容，因此需要通过命名限定：using std::vector；也可以直接使用全局的命名空间方式：using namespace std；。

1. 定义 vector 容器

vector 容器是一个类模板，实例化一个对象时用其构造函数完成初始化。vector 容器构造函数的构造函数有以下几种形式：

- vector（）:创建一个空 vector
- vector（int nSize）:创建一个 vector,元素个数为 nSize
- vector（int nSize,const t & t）:创建一个 vector，元素个数为 nSize，且值均为 t
- vector（const vector&）:复制构造函数
- vector（begin,end）:复制［begin,end）区间内另一个数组的元素到 vector 中

2.vector 初始化实例

vector<int> vecInt；//创建 int 型 vector，数组名为 vecInt

vector<float> vecFloat；//创建 float 型 vector，数组名为 vecFloat

vector<vector<int>> vec；//嵌套 vector

vector<int> vecIntA（3）；//int 型 vector,包含 3 个元素

vector<int> vecIntB（3,9）；//int 型 vector,包含 3 个元素且每个元素都是 9

vector<int> vecIntC（vecIntB）；//复制 vecIntB 到 vecIntC

int iArray［］={2,4,6};

vector<int> vecIntD（iArray,iArray+3）；//复制数组中 begin-end 这段区间上的值到 vector 中

3. vector 成员函数

vector 类常用的函数有增加、删除、遍历、判断、大小、交换、赋值等，以下以实例的方式说明其具体应用。

① c.push_back（elem）在尾部插入一个 elem 数据，如：

vector<int> v;

v.push_back（1）；

② c.pop_back（）删除末尾的数据，如：

vector<int> v;

v.pop_back（）；

③ c.assign（beg,end）将［beg,end）一个左闭右开区间的数据赋值给 c，如：

vector<int> v1,v2；

v1.push_back（10）；

v1.push_back（20）；

v2.push_back（30）；

v2.assign（v1.begin（），v1.end（））；

④ c.assign（n,elem）将 n 个 elem 的拷贝赋值给 c，如：

vector<int> v；

v.assign（5,10）；//往 v 里放 5 个 10

⑤ c.at（int index）传回索引为 index 的数据，如果 index 越界，抛出 out_of_range 异常，如：

vecto<int> v；

cout << v.at（2）<< endl；//打印 vector 中下标是 2 的数据

⑥ c.begin（）返回指向第一个数据的迭代器，c.end（）返回指向最后一个数据之后的迭代器，如：

vector<int> v；

v.push_back（1）；

v.push_back（2）；

v.push_back（3）；

vector<int>::iterator it；//创建迭代器

for（it = v.begin（）；it!=v.end（）；it++）{

    cout << *it << "\t"；

}

cout << endl；

⑦ c.rbegin（）返回逆向队列的第一个数据，即 c 容器的最后一个数据，c.rend（）返回逆向队列的最后一个数据的下一个位置，即 c 容器的第一个数据再往前的一个位置，如：

vector<int> v；

v.push_back（1）；

v.push_back（2）；

v.push_back（3）；

vector<int>::reverse_iterator it；//创建队列迭代器

for（it = v.rbegin（）；it!=v.rend（）；it++）{

    cout << *it << "\t"；

}

```
cout << endl;
```

⑧ c.capacity（ ）返回容器中数据个数，翻倍增长，如：

```
vector<int> v;
v.push_back（1）;
cout << v.capacity（ ） << endl; // 数据个数为 1
v.push_back（2）;
cout << v.capacity（ ） << endl; // 数据个数为 2
v.push_back（3）;
cout << v.capacity（ ） << endl; // 数据个数为 4
```

⑨ c.clear（ ）移除容器中的所有数据，如：

```
vector<int>::iterator it;
for（it = v.begin（ ）; it!=v.end（ ）; it++）{
    cout << *it << "\t";
}
v.clear（ ）; // 移除容器中的所有数据
for（it = v.begin（ ）; it!=v.end（ ）; it++）{
    cout << *it << "\t"; // 输出的内容？
}
```

⑩ c.empty（ ）判断容器是否为空，如：

```
vector<int> v;
v.push_back（1）;
v.push_back（2）;
v.push_back（3）;
if（!v.empty（ ））{ // 判断容器是否为空
    cout << "v is not empty!" << endl;
}
```

⑪ c.erase（pos）删除 pos 位置的数据，传回下一个数据的位置，c.erase（beg,end）删除（beg,end）区间的数据，传回下一个数据的位置，如：

```
vector<int> v;
v.push_back（1）;
v.push_back（2）;
v.push_back（3）;
v.erase（v.begin（ ））; // 删除容器开始位置的数据，
v.erase（v.begin（ ）,v.end（ ））; // 删除容器开始位置到结束位置的数据
```

⑫ c.front（ ）返回第一个数据，c.back（ ）传回最后一个数据，不检查这个数据是否存在，如：

```
vector<int> v;
v.push_back（1）;
v.push_back（2）;
v.push_back（3）;
if（!vec.empty（））{
    cout << "the first number is:" << v.front（）<< endl;
    cout << "the last number is:" << v.back（）<< endl;
}
```

⑬ c.front（）返回第一个数据，c.back（）传回最后一个数据，不检查这个数据是否存在，如：

```
vector<int> v;
v.push_back（1）;
v.push_back（2）;
v.push_back（3）;
if（!vec.empty（））{
    cout << "the first number is:" << v.front（）<< endl;   // 返回第一个数据
    cout << "the last number is:" << v.back（）<< endl;   // 返回最后一个数据
}
```

⑭ c.insert（pos,elem）在 pos 位置插入一个 elem 的拷贝，返回插入的值的迭代器，如：

```
vector<int> v;
v.insert（v.begin（）,10）;
```

⑮ c.insert（pos,n,elem）在 pos 位置插入 n 个 elem 的数据，无返回值，如：

```
vector<int> v;
v.insert（v.begin（）,2,20）;
```

⑯ c.insert（pos,beg,end）在 pos 位置插入在（beg,end）区间的数据，无返回值，如：

```
vector<int> v;
v.insert（v.begin（）,v1.begin（）,v1.begin（）+2）;
```

⑰ c1.swap（c2）将 c1 和 c2 交换，如：

```
vector<int> v1,v2,v3;
v1.push_back（10）;
v2.swap（v1）;   // 交换 v2 和 v1
swap（v3,v1）;   // 交换 v3 和 v1
```

4.vector 容器应用实例

例1：利用 vector 容器创建1个整型数组 a，数组元素初始化值都是1，给数组元素 a[2]，a[5]，a[8]重新输入赋值后输出。

```cpp
#include <iostream>
#include<vector>    // 头文件
using namespace std;
void main ()
{
    vector<int> a (10,1) ;  // 初始化容器，开辟 10 个单位空间·元素初始化为 1
    int i;
    cout << "初始化变量" << endl;
    for (int i=0; i<a.size () ; i++) // 容器长度 a.size ()
    { cout << a [i] << " "; }
    cout << "插入数据" << endl;
    cin >> a [2] ; cin>> a [5] ; cin >> a [8] ;
    cout << "赋值之后的变量" << endl;
    for (int i = 0; i < a.size () ; i++)
    { cout << a [i] << " "; }
    cout << endl;
}
```

运行结果：

例 2：利用 vector 容器创建 1 个整型数组 v1，使用 push_back () 函数将数据压入容器，查询某一元素在容器中出现的次数。

```cpp
#include <iostream>
#include<vector>    // 头文件
#include<algorithm>   // 算法头文件
using namespace std;
void main ()
{
    vector<int> v1;  // 定义容器
    v1.push_back (1) ;  // 把数据压入 vector 容器
    v1.push_back (3) ;
    v1.push_back (5) ;
    v1.push_back (5) ;
```

```
        for （vector<int>::iterator it = v1.begin（）； it != v1.end（）； it++）//使用迭代
器遍历
        {    cout << *it << endl； }
        int num = count（v1.begin（）,v1.end（）,5）；  //计算5出现的次数
        cout << "5 出现了 " <<num<<" 次 "<< endl；
        system（"pause"）；
    }
```

运行结果：

例3：利用 vector 容器创建数组，完成数组初始化。

```
#include <iostream>
#include<vector>
using namespace std；
void main（）
{
        int mynum［ ］ = {8,9,12,24,35}；
        int i = 0；
        vector<int> a（mynum,mynum+5）；  //用数组 mynum 的 5 个元素初始化容器
        for（i=0； i<a.size（）； i++）//输出数组 a
        { cout << a［i］<< "   "； }   cout <<endl；
        vector<int> b（a.begin（）, a.begin（）+3）；  //借助容器 a 的 3 个单位初始化
容器 b
        for（i = 0； i < b.size（）； i++）//输出数组 b
        { cout << b［i］<< "   "； }   cout << endl；
        vector<int> c（&mynum［3］, &mynum［5］）；  //以数组 mynum 的第三个元
素地址起，3 个单位初始化容器 c
        for（i = 0； i < c.size（）； i++）
        {    cout << c［i］<< "   "； }cout <<endl；
}
```

运行结果：

例 4：利用 vector 容器创建二维数组。

```cpp
#include <iostream>
#include<vector>
using namespace std;
void main（）
{
    vector<vector <int>>a（4,vector<int>（4,0））;  // 用 vector 声明一个 4*4 的矩阵,初始化各元素值为 8
    int i = 0,j = 0;
    for（i=0; i<a.size（）; i++）// 输出初始化后的二维数组
    {
    for（j=0; j<a[i].size（）; j++）
            cout << a[i][j] <<" ";
        cout << endl;
    }
    cout << " 输入数组对角线元素值："<<endl;
    cin>>a[0][0] >>a[1][1]>>a[2][2]>>a[3][3]; // 输入对角线元素值
    cout << " 重新赋值后的数组 "<<endl;
    for（i = 0; i < a.size（）; i++）
    {
        for（j = 0; j < a[i].size（）; j++）
            cout << a[i][j] <<" ";
            cout << endl;
    }
}
```

运行结果：

```
0   0   0   0
0   0   0   0
0   0   0   0
0   0   0   0
输入数组对角线元素值：
1 2 3 4
重新赋值后的数组
1   0   0   0
0   2   0   0
0   0   3   0
0   0   0   4
请按任意键继续. . .
```

例 5：利用 vector 容器盛放一个类。

```cpp
#include <iostream>
#include <string>
#include<vector>
using namespace std;
class inform{
public:
    friend ostream &operator<<（ostream &out, inform &t）；  //重载运算符 <<
    inform（string name,int age）  //构造函数
    { this->name = name；this->age = age；}
private:    //数据成员
    string name；
    int age；
};
ostream &operator<<（ostream &out,inform &t）//输出流对象 out 为 << 函数的返回值
{
  out<<t.name << "......" << t.age << endl；
    return out；
}
void main（）
{
    vector<inform> v1；  //定义容器对象
    inform z1（"ZHANG", 20）, c2（"CHENG", 30）, w3（"WANG", 40）, l5（"LI", 50）；
    v1.push_back（z1）；  //把类对象压入 vector 容器
    v1.push_back（c2）；
    v1.push_back（w3）；
    v1.push_back（l5）；
    for （vector<inform>::iterator it= v1.begin（）；it!=v1.end（）；it++）//通过迭代器循环遍历 vector 容器
    {
        cout << *it << endl；
    }
}
```

运行结果：

```
ZHANG......20

CHENG.....30

WANG......40

LI.....50

请按任意键继续...
```

9.2 编程实验

9.2.1 实验目的

①掌握函数模板与类模板。
②掌握数组类、链表类等线性群体数据类型定义与使用。
③理解泛型程序设计概念与特点。
④掌握 vector 容器的使用特点。

9.2.2 实验任务

1. 分析完善以下程序，并按要求回答以下问题：
①分析含有虚函数的类的结构特点。
②输出结果中为什么类 A 是 8 个字节，类 B 是 12 个字节？
③程序是否能够正确输出，若不能正确输出，为什么？

```cpp
_____ // 声明类模板
class A
{
public:
    A（T t）{ this->t = t; }
    T &getT（ ）{ return t; }
void printAA（ ）{ cout<<t; }
private:
    T t;  // 类中数据成员类型参数化
};
void main（ ）
{
    // 模板中如果定义了构造函数,则遵守以前的类的构造函数的调用规则
```

A<int> a（100）；//基类对象，使用时确定数据成员类型

a.getT（）；

a.printAA（）；

_____；//定义基类对象 b，其数据成员类型为 double

}

2.设计一个分数类 CFraction，再设计一个求数组中平均值的函数模板，并用该模板求一个 CFmction 数组中的最大元素。

3.定义链表模板类，使其具备插入结点，输出结点等功能，现要求：①从键盘输入一个待查找整数，在链表中查找该数，找到后修改。②遍历链表。

4.定义人员管理类，现要求：主函数使用 vector 容器盛放一组人员对象，输出其基本信息。

9.2.3　实验步骤

①新建一个空的工程项目 lab_12，向其中添加一个 C++ 源文件 first.cpp（方法见实验 1），输入实验任务中第 1 题的代码，检查无误后编译运行源程序，观察输出结果并回答思考题。

②完成第 1 题后，在工程项目 lab_11 中添加第二个 C++ 源文件 second.cpp（此前先将 first.cpp 中的主函数部分注释掉，以保证一个工程项目中只有一个主函数），输入实验任务中第 2 题的代码，检查无误后编译运行源程序，观察输出结果并回答思考题。

③按以上步骤依次完成后续实验任务。

9.2.4　分析与讨论

1.为什么要定义类模板？

2.创建动态数组类模板需要考虑的问题有哪些？

3.创建链表类模板需要考虑的问题有哪些？

4.泛型程序设计有什么特点？

5.标准模板库 （Standard Template Library，STL）中容器、迭代器、算法的概念分别是什么？

6.vector（封装动态数组的顺序容器）的使用特点有哪些？

10 基于 MFC 的可视化程序开发

MFC 是微软基础类（Microsoft Foundation Classes）的缩写，是一个庞大的类库，是微软专为 Visual C++ 定制的一款在 Windows 上开发软件的架构。该类库提供一组通用的可重用的类库供开发人员使用。

在 Visual C++ 中，编写 Windows 应用程序主要有三种方法。第一种方法，使用 Windows 提供的 Win32 API 函数来编写 Windows 应用程序。第二种方法，直接使用 MFC 来编写程序，MFC 对 Win32 API 函数进行了封装，通过调用类库实现大部分 API 功能。第三种方法，使用 MFC 和 Visual C++ 提供的向导来编写 Windows 程序，通过向导实现 Windows 应用程序的基本框架，然后将应用程序所需的功能添加到程序中。相比较于前两种，第三种方法可以充分利用 Visual C++ 提供的强大功能，帮助用户快速高效地进行程序开发，因此本章主要介绍第三种方法。

基于 MFC 的可视化程序开发主要分为文档类程序编写和对话框类程序编写，本章以 VS2010 开发平台为例，创建一个 MFC 工程，实现加法运算器的程序编写和界面设计，简单介绍其基本开发过程。

10.1 基本内容

10.1.1 基于应用程序向导的 MFC 程序创建

在 VS2010 平台下基于应用程序向导的 MFC 程序创建步骤如下。

①打开 VS2010→文件→新建→项目，弹出新建工程（New Project）对话框，如图 10.1 所示，可以选择工程类型。

因为要生成的是 MFC 程序，所以在"Visual C++"下选择"MFC"，对话框中间区域会出现 3 个选项："MFC ActiveX 控件""MFC DLL"和"MFC 应用程序"。MFC ActiveX 控件用来生成 MFC ActiveX 控件程序。MFC DLL 用来生成 MFC 动态链接库程序。MFC 应用程序用来生成 MFC 应用程序。此处选择 MFC 应用程序。

对话框下部有名称、位置和解决方案名称 3 个设置项。意义如下：名称——工程名，位置——解决方案路径，解决方案名称——解决方案名称。这里名称设为"Caculate"，位置设置为"D:\上课课程\C++2020（2）"的路径，解决方案名默认和名称一样，当然也可以修改为其他名字，这里不做修改，也使用"Caculate"，单击"确定"按钮。

②弹出如图 10.2 所示的"MFC 应用程序向导"对话框，在应用程序类型处有单个文档、多个文档、基于对话框和多个顶级文档 4 个选项，此处以建立单文档应用程序为例，选中"单个文档"后单击"下一步"按钮。

图 10.1 新建 MFC 工程对话框

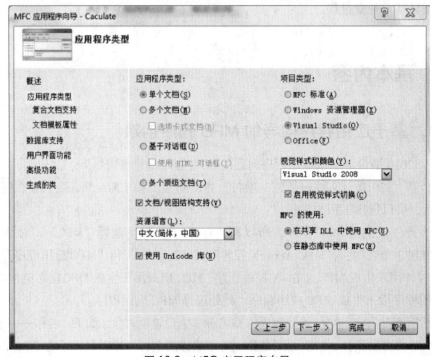

图 10.2 MFC 应用程序向导

③接下来依次单击"下一步"按钮分别会弹出"符合文档支持""文档模板属性""用户界面功能""高级功能"等对话框，用户可根据需要选择，此处使用默认值，直到弹出如图 10.3 所示的"生成的类"对话框。

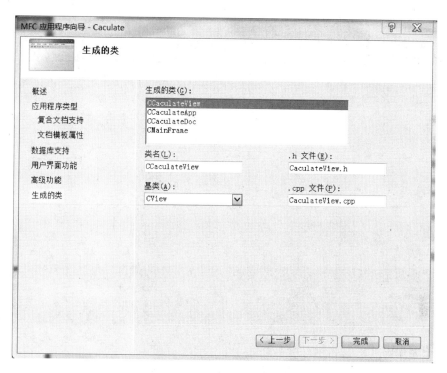

图 10.3 导"生成的类"对话框

在图 10.3 对话框上部的"生成的类"列表框内，列出了将要生成的 4 个类：一个视图类（CCaculate View）、一个应用类（CCaculateApp）、一个文档类（CCaculateDoc）和一个主框架窗口类（CMainFrame）。在对话框下面的几个编辑框中，可以修改默认的类名、类的头文件名和源文件名。对于视图类，还可以修改其基类名称，默认的基类是 CView，也有其他几个基类可以选择。这里还是使用默认设置，单击"完成"按钮。

应用程序向导最后生成了应用程序框架，并在解决方案资源管理器中自动打开了解决方案。

④编译运行生成的程序.

选择菜单中的"生成"→"生成 Caculate 编译程序"，然后选择"调试"→"开始执行"（快捷键 Ctrl+F5）运行程序，这时 VS2010 将自动编译链接运行 Caculate 程序，结果页面如图 10.4 所示。

此时的界面菜单栏中只有"文件""编辑""视图""帮助"等向导自动生成的框架功能，若要在该框架下添加新的功能，可以添加新的资源选项。

本实例中需要实现加法运算器的程序编写和界面设计，而实现加法计算有几个必要的因素——"被加数""加数""和"。"被加数"和"加数"需要输入，"和"需要输出显示。这几个因素都需要相应的控件来输入或显示，建立基于单文档的 MFC 应用程序后，需要分别添加菜单或对话框资源控件，配合一定的代码来实现简易加法计算

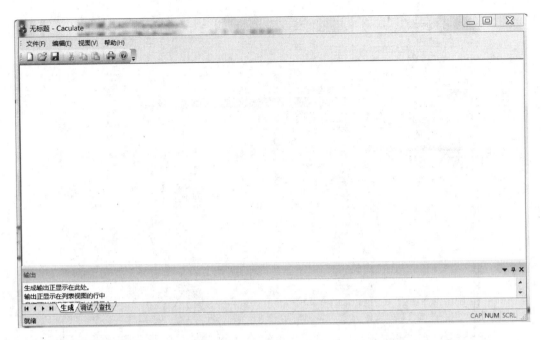

器界面的编程设计。

图 10.4 "生成的类"对话框

10.1.2 在单文档视图上编辑菜单栏

图 10.5 资源视图

在单文档视图上编辑菜单栏，具体步骤如下。

①单击打开资源视图（视图→资源视图），再单击打开 Menu，如图 10.5 所示。

②单击打开"IDR_MAINFRAIM"，出现如图 10.6 所示的菜单栏编辑区，在空白菜单栏处添加"Test"主菜单。

③在"Test"主菜单下添加子菜单"Input"和"Output"，具体操作如图 10.7 所示，即单击右键，选择"新插入"，在"<请在此处键入>"处直接输入菜单名，属性窗口栏里的子菜单的"Caption"对应于子菜单的名字，可以修改，ID对应子菜单的ID标识符，也可以修改，不重名就行，但是一般建议"顾名思义"。

④添加响应函数：对着要添加响应函数的菜单单击右键→"添加事件处理程序"，如图 10.8 所示为"Input"子菜单添加事件处理程序。

⑤在如图 10.9 所示的"事件处理程序向导"对话框中，选择消息类型以及要加入

的类。消息类型分为"COMMAND"和"UPDATE_COMMAND_UI"，前一个是添加响应函数，后一个是控制按钮是否有效。这里选择"COMMAND"。在右边的类列表中选择要加入到哪个类中，一般选 CXXXView，这里选"CCaculteView"。单击"添加编辑"按钮，就会跳到这个类中的相应消息映射函数体内。

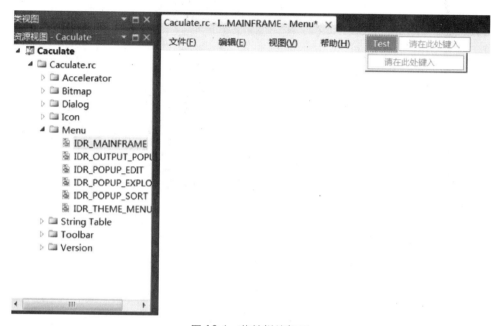

图 10.6　菜单栏编辑区

图 10.7　为主菜单添加子菜单

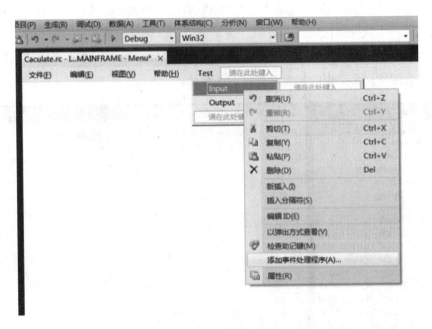

图 10.8　添加响应函数

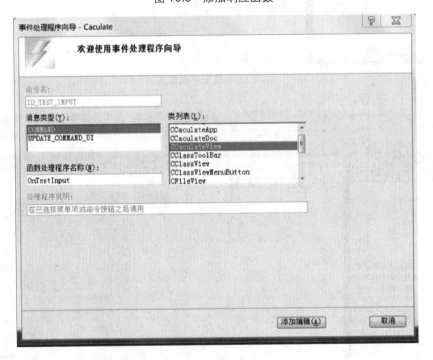

图 10.9　"事件处理程序向导"对话框

⑥在消息映射函数中添加代码，写出菜单响应函数，如图 10.10 所示。

```
// CCaculateView 消息处理程序

void CCaculateView::OnTestInput()
{
    // TODO: 在此添加命令处理程序代码

}
```

图 10.10　在消息映射函数中添加代码

10.1.3　添加对话框资源视图

添加对话框资源视图同样在如图 10.5 所示的资源视图下操作，具体步骤如下。

①点开资源视图（视图→资源视图），单击 Dialog，如图 10.11 所示，鼠标右键单击"插入 Dialog（E）"，插入对话框。选中对话框后，单击鼠标右键属性，可在属性窗口栏里的 "Caption"对应位置修改对话框名称，本对话框后续修改为"Addition"。

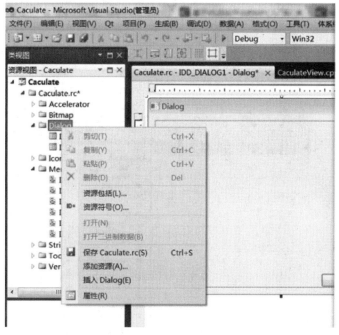

图 10.11　添加对话框

②双击对话框，或单击鼠标右键选择"插入类（C）"，将对话框资源与相应的类对应起来，如图 10.12 所示。

③单击工具栏按钮"工具箱"，从工具箱中可以拖放多种资源于对话框，如静态文本框（Static Text）、按钮（Button）等，如图 10.13 所示。

④单击工具栏按钮"工具箱"，从工具箱中可以拖放多种资源于对话框，以下将在此对话框上添加"被加数""加数""和"的文本框与相应的编辑框，实现相应操作：

a. 将工具箱中的"Static Text"拖到对话框中适当的位置，为对话框添加 3 个静态文本框（Static Text），用于显示字符串——被加数、加数、和。在属性栏上将被加数、加数、和的 Caption 属性修改为"被加数""加数""和"，ID 改为"IDC_SUMMAND""IDC_ADD""IDC_SUM"。

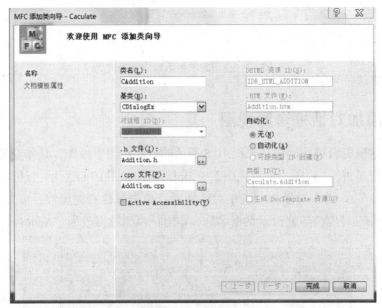

图 10.12　将对话框资源与相应的类对应起来

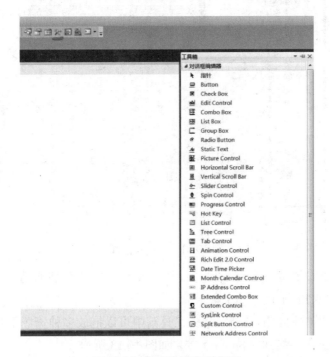

图 10.13　对话框资源编辑器

　　b. 将工具箱中的"Edit Control"拖到 Addition 对话框中适当的位置，为对话框添加 3 个编辑框（Edit Control），用来输入被加数、加数以及显示它们的和。将被加数、加数、和对应的编辑框的 ID 号改为"IDC_ SUMMAND _ EDIT""IDC_ ADD_ EDIT""IDC_ SUM_ EDIT"。

c. 将工具箱中的"Button"拖到 Addition 对话框中与"确定"按钮平齐的位置，用于在被单击后触发加法计算。修改其 Caption 属性为"计算"，ID 改为"IDC_ADD_ BUTTON"；或者直接修改"确定"按钮的 Caption 属性为"计算"，ID 改为"IDC_ ADD_BUTTON"。

d. 工具箱部分视图以及做完之后的 Addtion 对话框如图 10.14 所示。

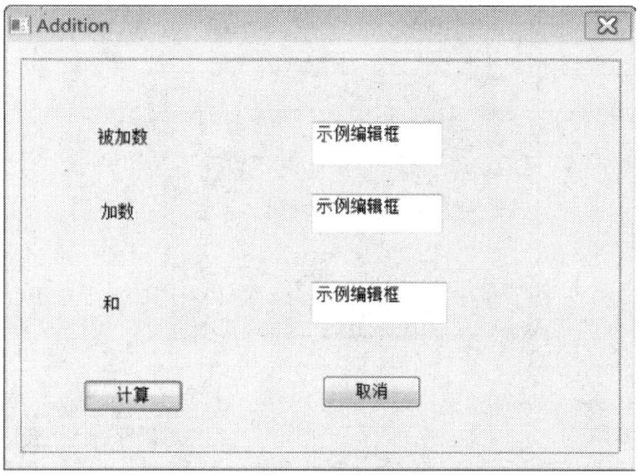

图 10.14 Addtion 对话框

e. 在图 10.14 中，选择任一"示例编辑框"单击右键，在右键菜单中选择"添加变量（Add Variable）"，弹出如图 10.15 所示的添加成员变量的向导对话框。勾选"控件变量（Control Variable）"在对话框"类别（Category）"下拉列表中选择"Value"；在"变量类型（Variable type）"下拉列表中选择"double"；在"变量名（Variable name）"中写入自定义的变量名。将被加数、加数、和的名字分别命名为"m_Sumand""m_Add""m_Sum"。

添加完成后的类向导图如图 10.16 所示。

f. 添加代码：上述工作完成后，进入"Addition.cpp"文件，其中"void Addition::DoDataExchange（CDataExchange* pDX）"函数体中会自动生成如下代码，该函数处理 MFC 默认的数据交换。

void Addition::DoDataExchange（CDataExchange* pDX）

{

　　CDialogEx::DoDataExchange（pDX）；

　　DDX_Text（pDX, IDC_ SUMMAND _ EDIT, m_Sumand）；// 处理控件 IDC_ SUMMAND _ EDIT 和变量 m_Sumand 之间的数据交换

　　DDX_Text（pDX, IDC_ ADD_ EDIT, m_Add）；// 处理控件 IDC_ ADD_ EDIT 和变量 m_Add 之间的数据交换

　　DDX_Text（pDX, IDC_SUM_ EDIT, m_Sum）；// 处理控件 IDC_SUM_ EDIT 和变量 m_Sum 之间的数据交换

图 10.15　利用向导对话框添加成员变量

图 10.16　添加完成后的类向导图

}

g. 双击"计算"按钮，进入"Addition.cpp"文件，在主程序中的"void Addition::OnBnClickedAddButton（）"函数体中添加如下代码。

void Addition::OnBnClickedAddButton（）

{

　　// TODO: 在此添加控件通知处理程序代码

　　　UpdateData（TRUE）；// 用于刷新控件的值到变量；

　　　m_Sum=m_Sumand+m_Add；// 根据各变量的值更新相应的控件，"和"的编辑框会显示 m_Sum，将被加数和加数的和赋值给 m_Sum

　　　UpdateData（FALSE）；// 用于将变量刷新到控件进行显示

}

h. 此时运行程序，还无法显示对话框，可通过单文档菜单间接调用，该实例在 Input 子菜单对应的消息映射函数中"void CCaculateView::OnTestInput（）"添加如下代码，打开对话框。

void CCaculateView::OnTestInput（）

{

　　// TODO: 在此添加命令处理程序代码

　　　Addition tipDlg；// 构造对话框类 Addition 的实例对象

　　　tipDlg.DoModal（）；// 调用 DoModal（）函数弹出对话框

}

i. 编译连接，运行程序，在可视化窗口选择 Test → Input 菜单，在弹出的 Addition 对话框中，被加数、加数编辑框输入数据，单击"计算"按钮，完成相应数据的相加计算，即实现简单的加法器可视化操作，如图 10.17 所示。

继续添加类似的资源及代码，可实现更具体的计算器功能。

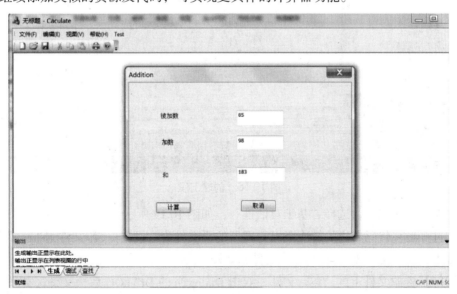

图 10.17　简单的加法器可视化界面

10.2 编程实验

10.2.1 实验目的

①了解基于 VS 的可视化程序设计方法。

②掌握简单的单文档、对话框的程序设计方法。

10.2.2 实验任务（二选一）

1. 拓展基本任务，设计完成一个功能较完善的可视化计算器程序。

2. 设计完成简单的可视化人员管理系统程序，要求有数据存储、读取功能。

10.2.3 实验步骤

基于 MFC 简单计算器设计流程可参考如下步骤。

1. 新建 MFC 工程

①选择"新建项目"→"Visual C++"→"MFC 应用程序"，如图 10.18 所示。

图 10.18　创建工程

②应用程序向导，选择"基于对话框"，如图 10.19 所示。

③打开后在代码右边的解决资源管理器的头文件为".h"文件,源文件为".cpp"文件,资源文件下有".rc"文件与".rc2"文件，如图 10.20 所示。

④打开资源文件下的"rc"文件，双击 Dialog 下的 DIALOG 后缀文件，如图 10.21

所示。

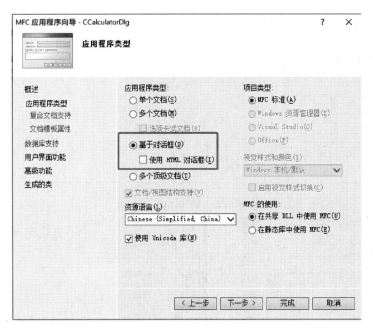

图 10.19 创建基于对话框的 MFC 应用程序

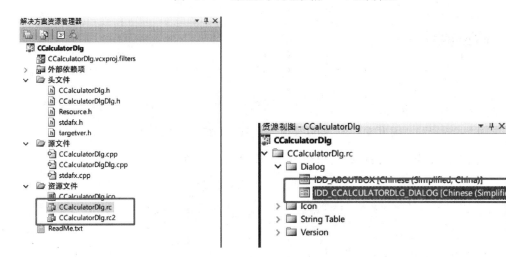

图 10.20 资源管理器　　　　图 10.21 Dialog 下的 DIALOG 后缀文件

⑤在左上角有个工具箱，把对应的工具拖到 Dialog 上就可以进行界面编程，如图 10.22 所示。

2. 创建界面

此次设计的计算器，主要由按钮和显示框组成。按钮包括 "0-9" 的数字按钮，运算符按钮 "/" "*" "-" "+"，小数点按钮 "."，求值按钮，清零按钮，左右括号（）按钮，以及回退按钮。具体的设计流程如下。

①拖拽 "EditControl" 控件到窗口的空白地区，如图 10.23 所示。

图 10.22　Dialog 初始界面

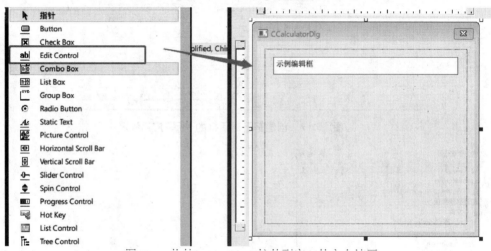

图 10.23　拖拽 EditControl 控件到窗口的空白地区

②拖拽 20 个 Button 控件到窗口空白区，如图 10.24 所示。

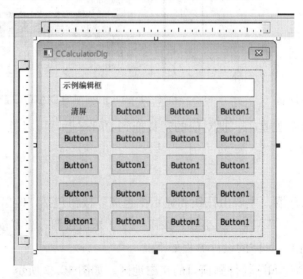

图 10.24　拖拽 20 个 Button 控件到窗口空白区

③对每个按钮修改名字，如图 10.25 所示。

图 10.25　对每个按钮修改名字

④为 EditControl 控件绑定变量"mEdit"，如图 10.26 所示。

图 10.26　为 EditControl 控件绑定变量 mEdit

3. 编写按钮代码

为显示框绑定一个变量 mEdit，然后为每个按钮绑定"click"响应函数，具体的代码如下。

```
void CCalculatorDlg::OnBnClicked1（）
{
        // 数字"1"按钮
        CString str；
```

```
        mEdit.GetWindowText（str）；
        str = str + _T（"1"）；
        mEdit.SetWindowText（str）；
}

void CCalculatorDlg::OnBnClicked2（）
{
        //数字"2"按钮
        CString str；
        mEdit.GetWindowText（str）；
        str = str + _T（"2"）；
        mEdit.SetWindowText（str）；
}

void CCalculatorDlg::OnBnClicked3（）
{
        //数字"3"按钮
        CString str；
        mEdit.GetWindowText（str）；
        str = str + _T（"3"）；
        mEdit.SetWindowText（str）；
}

void CCalculatorDlg::OnBnClicked4（）
{
        //数字"4"按钮
        CString str；
        mEdit.GetWindowText（str）；
        str = str + _T（"4"）；
        mEdit.SetWindowText（str）；
}

void CCalculatorDlg::OnBnClicked5（）
{
        //数字"5"按钮
        CString str；
```

```
        mEdit.GetWindowText（str）;
        str = str + _T（"5"）;
        mEdit.SetWindowText（str）;
}


void CCalculatorDlg::OnBnClicked6（）
{
        //数字"6"按钮
        CString str;
        mEdit.GetWindowText（str）;
        str = str + _T（"6"）;
        mEdit.SetWindowText（str）;
}


void CCalculatorDlg::OnBnClicked7（）
{
        //数字"7"按钮
        CString str;
        mEdit.GetWindowText（str）;
        str = str + _T（"7"）;
        mEdit.SetWindowText（str）;
}


void CCalculatorDlg::OnBnClicked8（）
{
        //数字"8"按钮
        CString str;
        mEdit.GetWindowText（str）;
        str = str + _T（"8"）;
        mEdit.SetWindowText（str）;
}


void CCalculatorDlg::OnBnClicked9（）
{
        //数字"9"按钮
        CString str;
```

```
                mEdit.GetWindowText（str）；
                str = str + _T（"9"）；
                mEdit.SetWindowText（str）；
    }


    void CCalculatorDlg::OnBnClicked0（ ）
    {
                // 数字 "0" 按钮
                CString str；
                mEdit.GetWindowText（str）；
                str = str + _T（"0"）；
                mEdit.SetWindowText（str）；
    }


    void CCalculatorDlg::OnBnClickedClear（ ）
    {
                // "清屏" 按钮
                mEdit.SetWindowText（_T（""））；
    }


    void CCalculatorDlg::OnBnClickedBack（ ）
    {
                // "后退" 按钮
                CString str；
                mEdit.GetWindowText（str）；
                str = str.Left（str.GetLength（ ）–1）；
                mEdit.SetWindowText（str）；
    }


    void CCalculatorDlg::OnBnClickedLeft（ ）
    {
                // "左括号" 按钮
                CString str；
                mEdit.GetWindowText（str）；
                str= str + _T（"（"）；
                mEdit.SetWindowText（str）；
```

```
}

void CCalculatorDlg::OnBnClickedRight（）
{
        // “右括号”按钮
        CString str;
        mEdit.GetWindowText（str）;
        str= str + _T（")"）;
        mEdit.SetWindowText（str）;
}

void CCalculatorDlg::OnBnClickedDot（）
{
        // "." 按钮
        CString str;
        mEdit.GetWindowText（str）;
        str = str + _T（"."）;
        mEdit.SetWindowText（str）;
}

void CCalculatorDlg::OnBnClickedAdd（）
{
        // 加号
        CString str;
        mEdit.GetWindowText（str）;
        str = str + _T（"+"）;
        mEdit.SetWindowText（str）;
}

void CCalculatorDlg::OnBnClickedSub（）
{
        // 减号
        CString str;
        mEdit.GetWindowText（str）;
        str = str + _T（"-"）;
        mEdit.SetWindowText（str）;
```

```
    }

void CCalculatorDlg::OnBnClickedMul（）
{
        //乘号
        CString str;
        mEdit.GetWindowText（str）;
        str = str + _T（"*"）;
        mEdit.SetWindowText（str）;
}

void CCalculatorDlg::OnBnClickedDiv（）
{
        //除号
        CString str;
        mEdit.GetWindowText（str）;
        str = str + _T（"/"）;
        mEdit.SetWindowText（str）;
}

void CCalculatorDlg::OnBnClickedEql（）
{
    //等号，计算结果
    CString str;
    mEdit.GetWindowText（str）;
    CT2CA pszConvertedAnsiString（str）;   // 将 TCHAR 转换为 LPCSTR
    string exp_str（pszConvertedAnsiString）;   // 从 LPCSTR 构造 string

    if（exp_str != ""）
    {
    Expression e（exp_str）;
    if（e.test（））
    {
        string tmp;
        stringstream ss;
        ss << e.calculate（）;
```

```
        ss >> tmp;
        str = tmp.c_str（）;
    }
    else
    {
        str = " 输入错误 ";
    }
    mEdit.SetWindowText（str）;
  }
}
```

4. 表示式解析和结果计算

当输入表达式完成之后，对 mEdit 中的表示式进行解析，计算出表达式对应值，这里实现一个 Expression 类来解析表达式，使用解析的表达式计算出对应的结果，并显示到结果显示框。表达式的解析使用栈来进行，具体的原理如下。

一般通过后缀表达式（逆波兰式）进行求值，因为对后缀表达式求值比直接对中缀表达式求值简单很多。中缀表达式不仅依赖运算符的优先级，而且还要处理括号，而后缀表达式中已经考虑了运算符的优先级，且没有括号。所以，对表达式的求值分两个步骤进行：一是，把中缀表达式转换为后缀表达式；二是，对后缀表达式求值。在把中缀转后缀的过程中，需要考虑操作符的优先级。这里需要利用一个栈（存放操作符）和一个输出字符串 Output，从左到右读入中缀表达式：

①如果字符是操作数，将它添加到 Output。

②如果字符是操作符，从栈中弹出操作符，到 Output 中，直到遇到左括号或优先级较低的操作符（并不弹出）。然后把这个操作符 push 入栈。

③如果字符是左括号，无理由入栈。

④如果字符是右括号，从栈中弹出操作符，到 Output 中，直到遇到左括号。（左括号只弹出，不放入输出字符串）

⑤中缀表达式读完以后，如果栈不为空，从栈中弹出所有操作符并添加到 Output 中。

Expression 的具体实现如下：

```
#pragma once
#include <iostream>
#include <sstream>
#include <string>
#include <vector>
#include <stack>
#include <utility>
using namespace std;
```

```
class Expression
{
public:
            Expression（string str）;
            bool test（）; // 外部接口，判断表达式是否合法
            double calculate（）; // 外部接口，计算表达式的值

private:
            vector<pair<string, int>> word;
            string expr; // 算术表达式
            int idx; // word 下标
            int sym; // 单词种别编码
            int err; // 错误
            int word_analysis（vector<pair<string, int>>& , const string）;
            void Next（）;
            void E（）;
            void T（）;
            void F（）;
            bool Right; // 保存表达式 test 结果

private:
            int prior（int）; // 获取运算符的优先级
            bool isOperator（int）; // 通过 种别编码判定是否是运算符
            vector<pair<string,int>> getPostfix（const vector<pair<string,int>>&）; // 中缀
转后缀
            void popTwoNumbers（stack<double>&, double&, double&）; // 从栈中连续弹
出两个操作数
            double stringToDouble（const string&）; // 把 string 转换为 double
            double expCalculate（const vector<pair<string, int>>&）; // 计算后缀表达式的
值
};
#include "Expression.h"

// 构造函数
Expression::Expression（ string str ）:
```

```cpp
        expr（str），
        idx（0），
        err（0），
        Right（true）
{

}


// 外部接口
bool Expression::test（）
{
        if（!word.empty（））// 已经 test 过了
        {
                return Right;
        }

        int err_num = word_analysis（word, expr）;
        if（-1 == err_num）
        {
                Right = false;
        }
        else
        {
            // 词法正确，进行语法分析
            Next（）;
            E（）;
            if（sym == 0 && err == 0）// 注意要判断两个条件
                        Right = true;
            else
                        Right = false;
        }
        return Right;
        }


// 外部接口
double Expression::calculate（）
```

```cpp
{
        if（test（  ））
        {
                return expCalculate（getPostfix（word））；
        }
        else
        {
                exit（0）；
        }
}

int Expression::word_analysis（vector<pair<string, int>>& word, const string expr）
{
        for（int i=0; i<expr.length（  ）; ++i）
        {
                //如果是+，-，×，÷，（  ）
                if（expr［i］=='（'|| expr［i］==' ）'|| expr［i］=='+'
                        || expr［i］=='-'|| expr［i］=='*'|| expr［i］=='/'）
                {
                        string tmp;
                        tmp.push_back（expr［i］）；
                        switch（expr［i］）
                        {
                        case '+':
                                word.push_back（make_pair（tmp, 1））；
                                break;
                        case '-':
                                word.push_back（make_pair（tmp, 2））；
                                break;
                        case '*':
                                word.push_back（make_pair（tmp, 3））；
                                break;
                        case '/':
                                word.push_back（make_pair（tmp, 4））；
                                break;
                        case '（':
```

```cpp
                        word.push_back（make_pair（tmp, 6））；
                        break；
            case '）':
                        word.push_back（make_pair（tmp, 7））；
                        break；
        }
    }
    //如果是数字开头
    else if（expr［i］>='0' && expr［i］<='9'）
    {
                string tmp；
                while（expr［i］>='0' && expr［i］<='9'）
                {
                        tmp.push_back（expr［i］）；
                        ++i；
                }
                if（expr［i］ == '.'）
                {
                ++i；
                if（expr［i］>='0' && expr［i］<='9'）
                {
                        tmp.push_back（'.'）；
                        while（expr［i］>='0' && expr［i］<='9'）
                        {
                                tmp.push_back（expr［i］）；
                                ++i；
                        }
                }
                else
                {
                        return -1；　//.后面不是数字，词法错误
                }
        }
        word.push_back（make_pair（tmp, 5））；
        --i；
}
```

```cpp
                    // 如果以 . 开头
            else
            {
                        return -1;  // 以 . 开头，词法错误
            }
        }
        return 0;
    }


    // 读下一单词的种别编码
    void Expression::Next ( )
    {
        if ( idx < word.size ( ) )
                    sym = word [ idx++ ] .second;
        else
                    sym = 0;
    }


    void Expression::E ( )
    {
        T ( ) ;
        while ( sym == 1 || sym == 2 )
        {
            Next ( ) ;
            T ( ) ;
        }
    }


    void Expression::T ( )
    {
      F ( ) ;
      while ( sym == 3 || sym == 4 )
      {
            Next ( ) ;
            F ( ) ;
      }
```

```
}

void Expression::F（）
{
    if（sym == 5）
    {
        Next（）;
    }
    else if（sym == 6）
    {
        Next（）;
        E（）;
        if（sym == 7）
        {
            Next（）;
        }
        else
        {
            err = -1;
        }
    }
    else
    {
        err = -1;
    }
}

int Expression::prior（int sym）
{
    switch（sym）
    {
        case 1:
        case 2:
            return 1;
        case 3:
        case 4:
```

```
                    return 2;
            default:
                    return 0;
        }
}

bool Expression::isOperator（int sym）
{
    switch （sym）
    {
            case 1:
            case 2:
            case 3:
            case 4:
                    return true;
            default:
                    return false;
    }
}

vector<pair<string,int>> Expression::getPostfix（const vector<pair<string,int>>& expr）
{
    vector<pair<string, int>> output;  // 输出
    stack<pair<string, int>> s;  // 操作符栈
    for（int i=0; i<expr.size（）; ++i）
    {
            pair<string, int> p = expr［i］;
            if（isOperator（p.second））
            {
                    while（!s.empty（）&& isOperator（s.top（）.second）&&
prior（s.top（）.second）>=prior（p.second））
                    {
                            output.push_back（s.top（））;
                            s.pop（）;
                    }
                    s.push（p）;
```

```
            }
            else if（p.second == 6）
            {
                        s.push（p）;
            }
            else if（p.second == 7）
            {
                    while（s.top（）.second != 6）
                    {
                                output.push_back（s.top（））;
                                s.pop（）;
                    }
                    s.pop（）;
            }
            else
            {
                    output.push_back（p）;
            }
    }
    while（!s.empty（））
    {
            output.push_back（s.top（））;
            s.pop（）;
    }
    return output;
}


void Expression::popTwoNumbers（stack<double>& s, double& first, double& second）
{
    first = s.top（）;
    s.pop（）;
    second = s.top（）;
    s.pop（）;
}


double Expression::stringToDouble（const string& str）
```

```
{
    double d;
    stringstream ss;
    ss << str;
    ss >> d;
    return d;
}

double Expression::expCalculate（const vector<pair<string,int>>& postfix）
{
    double first,second;
    stack<double> s;
    for（int i=0; i<postfix.size（）; ++i）
    {
        pair<string,int> p = postfix［i］;
        switch（p.second）
        {
        case 1:
            popTwoNumbers（s, first, second）;
            s.push（second+first）;
            break;
        case 2:
            popTwoNumbers（s, first, second）;
            s.push（second-first）;
            break;
        case 3:
            popTwoNumbers（s, first, second）;
            s.push（second*first）;
            break;
        case 4:
            popTwoNumbers（s, first, second）;
            s.push（second/first）;
            break;
        default:
            s.push（stringToDouble（p.first））;
            break;
```

```
            }
    }
    double result = s.top（）;
    s.pop（）;
    return result;
}
```

5. 编译运行程序的结果（图 10.27）

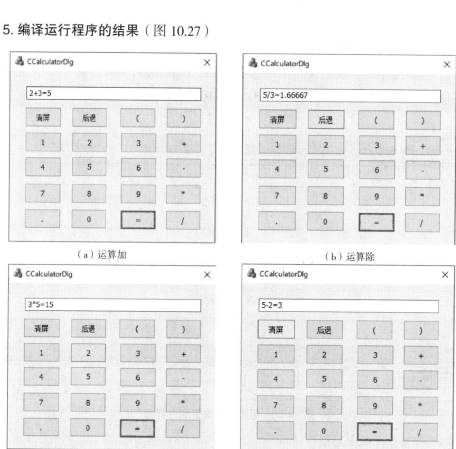

（a）运算加　　　　　　　　　　　　　（b）运算除

（c）运算乘　　　　　　　　　　　　　（d）运算减

图 10.27　计算器运算实例

设计有数据存储、读取功能的简单可视化人员管理程序步骤可参考如下（注意不是唯一，可根据自己的想法进行设计）。

（1）创建基于单文档的可视化界面（图 10.28）

（2）添加子菜单

人员管理主菜单下可添加输入信息、查询信息等子菜单，子菜单对应的消息映射函数如下所示。

```
// 输入信息
void CManagerView::OnManageInformation（）
{
```

```
// TODO: 在此添加命令处理程序代码
CChoose tipDlg;  // 构造对话框类 Addition 的实例对象
tipDlg.DoModal（）;  // 调用 DoModal（）函数弹出对话框
}
// 输出信息
void CManagerView::OnOutInformation（）
{
        // TODO: 在此添加命令处理程序代码
     CChooseInformation tipDlg;  // 构造对话框类 Addition 的实例对象
   tipDlg.DoModal（）;  // 调用 DoModal（）函数弹出学生信息输入对话框
}
```

图 10.28　可视化人员管理主界面

（3）完善输入信息对话框

如图 10.29 所示的输入信息对话框包括"学生"和"老师"两个输入对象选项。"学生"和"老师"两个按钮对应的消息映射函数中分别主要完成打开学生输入信息对话框和老师输入信息对话框，参考如下。

```
// 选择学生
void CChoose::OnBnClickedStudentButton（）
{
// TODO: 在此添加控件通知处理程序代码
CPeopleInformation tipDlg;
tipDlg.DoModal（）;  // 调用 DoModal（）函数弹出对话框
}
// 选择老师
```

```
void CChoose::OnBnClickedTeacherButton（）
{
    // TODO: 在此添加控件通知处理程序代码
    CTeacherInformation tipDlg；
    tipDlg.DoModal（）；  // 调用 DoModal（）函数弹出输入老师信息对话框
}
```

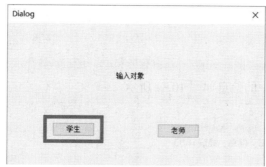

图 10.29　输入信息对话框

以学生对象为例，其对应的输入对话框可设计成如图 10.30 所示，包括学号、姓名、年龄、学院、班级等信息。

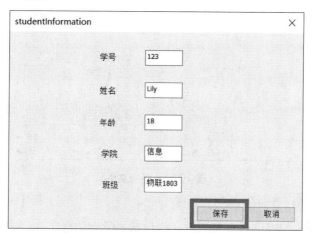

图 10.30　学生输入信息对话框

输入信息后，单击保存按钮可将输入的信息存储于文件中，保存按钮与取消按钮所对应的消息映射函数分别如下。

```
// 文件写入信息
void CPeopleInformation::OnBnClickedSaveButton1（）
{
    // TODO: 在此添加控件通知处理程序代码
    UpdateData（TRUE）；  fstream ofs；  ofs.open（"info.txt",ios::app）；
    ofs << Snumber << "，" << Sname << "，" << Sage << "，" << Sfaculty << "，" << Sbanji；
```

```
ofs.close（）；
UpdateData（FALSE）；
}
//单击取消按钮退出程序
void CPeopleInformation::OnBnClickedQuitButton1（）
{
//TODO: 在此添加控件通知处理程序代码
exit（0）；
}
```

存入到文本文件中的信息如图 10.31 所示。

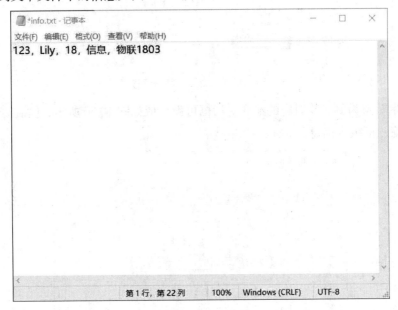

图 10.31　保存文件

（4）完善查询信息对话框

如图 10.32 所示的查询信息对话框同样包括"学生信息"和"老师信息"两个输入对象选项。

"学生信息"和"老师信息"两个按钮对应的消息映射函数中分别主要完成打开学生查询信息对话框和老师查询信息对话框，如图 10.33 所示是查询文件中的学生信息，在学生查询信息对话框显示的结果，图 10.32 中"学生信息"按钮的消息映射函数参考代码如下。

```
//  择查看学生的信息
void CChooseInformation::OnBnClickedStudentButton（）
{
string c1, c2, c3, c4;
```

```
// TODO: 在此添加控件通知处理程序代码
CStudent tipDlg;
tipDlg.DoModal（）; // 调用 DoModal（）函数弹出对话框 UpdateData（TRUE）;
ifstream ifs; ifs.open（"info.txt",ios::in）; if（!ifs.is_open（））
 {
 cout << " 文件打开失败 "<< endl; return;
}
ifs >> tipDlg.Snumber >>c1>> tipDlg.Sname>>c2 >> tipDlg.Sage>>c3 >> tipDlg.Sfaculty
>>c4>> tipDlg.Sclass;
ifs.close（）; UpdateData（FALSE）;
}
```

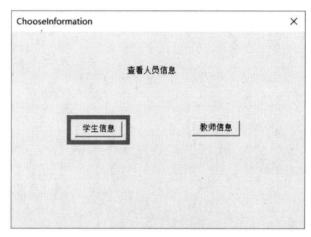

图 10.32　查询信息对话框

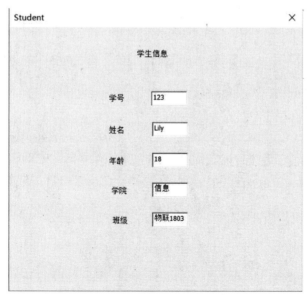

图 10.33　学生信息显示对话框

10.2.4　分析与讨论

1.MFC 类库的概念是什么？

2. 什么是消息映射？

3. 如何在一个函数中打开对话框？

11 综合程序设计

11.1 实验目的

①掌握面向对象程序设计的基本思想、概念和基本方法。

②整合基础知识，利用 Visual Studio 开发工具开发具有一定应用功能的简单系统。

11.2 实验任务

实验内容（多选一）

1. 电梯控制系统程序设计

题目描述：可以模拟电梯的功能，功能接口包括电梯上行按钮、下行按钮、楼层选择和电梯在行驶过程中的楼层显示。要求：

①用户选择按上行按钮还是下行按钮，选择操作后再由用户输入要进入的楼层，进而电梯开始运行，显示所到的每一楼层的层数。

②如果是上行，则选择输入的楼层号不能比当前楼层号小，否则应给出不合法提示。

③如果是下行，则选择输入的楼层号不能比当前楼层号大，否则应给出不合法提示。

④电梯一旦开始运行就会始终运行，直到窗口关闭。

⑤电梯在经过不同楼层时，最好每个楼层的显示之间能有延迟，最终停靠的楼层的输出形式能更加醒目。如果可以，在电梯最初开始运行时，能在电梯内部显示当前日期。

（提示：实现这些功能时，需要调用系统 API，实现时间显示功能可以使用 CDate 类。）

2. 灯控控制系统程序设计

题目描述：有 n 盏灯，编号依次为 $1,2,3,\cdots,n$；初始化时，所有灯都是关闭状态；小明第一次将编号为 $1,2,3,\cdots$, 共 n 盏灯都打开了；第二次将编号为 $2,4,6,\cdots$, 共 $n/2$ 盏灯都关闭了；第三次将编号为 $3,6,9,\cdots$, 共 $n/3$ 盏灯进行操作，若是之前关闭状态则打开，若是打开状态，则关闭；第四次将 $4,8,12,\cdots$, 共 $n/4$ 盏灯进行操作。这样操作了 n 次，问最后亮了几盏灯。要求：

输入描述：第一行输入整数 T，表示有 T 组测试用例 $1<=T<=100$；

接下来 T 行，每行有一个整数 n，表示当前测试用例有 n 盏灯 $1<=n<=1\,000$。

输出描述：输出 n 行，每次测试输出最后亮灯的编号。

3. 计算器功能模拟程序设计

实现一个具有一定功能的计算器，能够进行整数、实数、复数的加、减、乘、除、乘方和求对数等运算。使用时算式采用后缀输入法，每个操作数、操作符之间都以空白符分隔。例如，若要计算"3+5"则输入"3 5 +"。乘方运算符用"^"表示。要求：

①每次运算在前次结果基础上进行，若要将前次运算结果清除，可键入"c"，当键入"q"时程序结束。

②界面交互性好。

4. 学校人员信息管理系统

要求：

①包括一个基本的人员信息类，人员信息有编号、姓名、性别、年龄等，允许用户进行以下操作：开户、销户、登录；用户登录后可以查看相关信息。

②人员管理系统包括教师、学生两部分，学生又分本科生和研究生。

③教师类在人员信息类基础上新增职称和部门等数据信息，新增功能：输入并保存教师信息；教师用户登录后可以查看相关信息。

④学生用户登录后可以查看各门课相关信息（包括成绩、在已输入学生中的成绩排名）。

⑤由教师类和学生类派生一个研究生类，新增研究方向和导师等数据信息，新增功能：输入并保存信息；研究生用户登录后可以查看相关信息。

⑥将所有用户信息存于文件中。

5. 个人银行账户管理系统

设计一个面向个人的银行账户管理系统，包括设置账号、余额、年利率等信息，还包括显示信息、存款、取款、结算利息等操作。要求：

①无论是存款、取款还是结算利息，都需要修改当前的余额并且将余额的变动输出。

②实现利息计算。由于账户的余额是不断变化的，因此不能通过余额与年利率相乘的办法来计算年利，而是需要将一年中每天的余额累计起来再除以一年的总天数。

③在个人银行账户管理程序中增加信用卡账户。

④输出不同账户信息。

⑤将所有用户信息存于文件中。

6. 飞机订票管理系统

设计一个飞机订票预订管理系统，用户登录该系统后可以实现机票预定、付款、退票等服务。功能要求：

①添加：添加新增的航班信息。

②显示：在屏幕上显示每个航班基本信息。

③存储：将每个航班基本信息保存在一个文件中。

④查询：按航班或出发地—目的地查询具体日期下的航班信息。

⑤更改：可实时更改每个航班的时间、票价、票数等基本信息。

⑥删除：可删除已预订的航班信息。

7. 备忘录软件程序设计

设计一个具有事件记录、事件分析、事件提醒功能的备忘录软件系统。功能要求：

①具有记录事件、事件分类分析功能。

②具备单次提醒和重复提醒功能。

③从日志时间轴里面可以查看曾经新增、修改、删除的操作痕迹。

④将所有事件信息存于文件中。

8. 公司财务开销管理系统

编程实现公司财务开销管理系统。每个财物开销基本信息包括账户、进账内容（进账金额、进账时间）、出账内容（出账金额、出账时间）、剩余金额等。功能要求：

①添加：添加新增的财物开销基本信息。

②显示：在屏幕上显示财物开销基本信息。

③存储：将每个财物开销基本信息保存在一个文件中。

④查询：按账户查询财物开销基本信息。

⑤更改：可更改账户开销基本信息。

⑥删除：可删除账户开销基本信息。

11.3 实验步骤

①分析问题，抽象类的定义。以电梯控制系统程序设计为例，电梯功能接口包括电梯上行按钮、下行按钮、楼层选择和电梯在行驶过程中的楼层显示，那么其数据成员可以有电梯当前所在楼层、人当前所在楼层、人的目标楼层、电梯最高楼层数、上行下行选择等，如下所示。

```
class ELEVATOR
{
private:
    int now_floor_e;  // 电梯当前所在楼层
    int now_floor_p;  // 用户当前所在楼层
    int want_floor;   // 用户的目标楼层
    int all_floor;    // 电梯最高楼层数
    bool choice;      // 上行下行选择
public:
```

ELEVATOR（）；

int start（）；　// 功能：实现电梯启停

void ask（）；　// 功能：询问人在哪一楼层

void arrive_now_floor_p（）；　// 功能：实现电梯从原楼层到达人所在楼层

bool get_choice（）　// 功能：用户选择上行或下行

void get_floor（）　// 功能：用户选择目标楼层

int judge（）　// 功能：判断目标楼层输入数据的合理性

void arrive_want_floor（）　// 功能：电梯运行到人的目标楼层

};

②实现类的功能，完善用户交互界面。以电梯控制系统程序设计为例，其简单的控制台交互界面如图 11.1 所示。

③实现类的功能，完善用户交互界面。其简单的可视化交互界面可参考图 11.2。

当前电梯停在3层
---请选择操作---
    1. 上升
    2. 下降
    3. 退出

5
只能选上升和下降！您难道还想玩电梯漂移？！

当前电梯停在1层
---请选择操作---
    1. 上升
    2. 下降
    3. 退出

2
您已经在第一层了！除非您自己打洞，不然我是不会带你下去的！

本电梯共5层，欢迎您的使用
---请选择操作---
    1. 上升
    2. 下降
    3. 退出

1
请输入要进入的楼层
10
没这一层！太高啦！您想上天？！

图 11.1　控制台交互界面

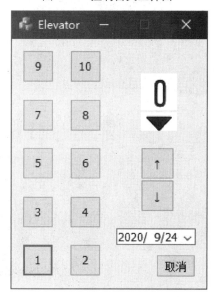

图 11.2　可视化交互界面

11.4　分析与讨论

1. 如何分析设计任务与选择方案？

2. 如何分析设计算法？

3. 简述系统调试与效果分析。

参考文献

郑莉，董渊，张瑞丰 .C++ 语言程序设计 [M] .3 版 . 北京 : 清华大学出版社 ,2003.